普通高等教育高职高专"十三五"规划教材 电气类

电子电路分析与制作

（模拟电子部分）

主　编　汪卓凡　邱　敏

中国水利水电出版社
www.waterpub.com.cn
·北京·

内 容 提 要

本教材是普通高等教育高职高专"十三五"规划教材之一，是按照教育部高职电子电气基础课程教学指导分委员会最新修订的电子技术基础课程教学基本要求，融合作者多年的教学经验及教学改革的体会编写而成。全书以行动引导型教学法来组织教学内容，通过制作实例激发学生的学习兴趣，培养学生分析、设计、制作调整实用模拟电路的能力。本教材以工学结合为核心，将教学内容划分为 4 个课题，每一课题单元再分成具体工作任务。每一任务都以产品项目的分析与制作开始或结束，强调实践性，突出技术应用性，将理论知识的讲授与技能训练有机地融为一体，使能力培养贯穿于整个教学过程。

本教材既可作为中职、高职院校电工类、电子类、电气类、自动化类、计算机类、通信技术类、机电一体化等相关专业的教材和教学参考书，也可作为相关专业工程技术人员的参考书。

图书在版编目（CIP）数据

电子电路分析与制作. 模拟电子部分 / 汪卓凡，邱敏主编. -- 北京 : 中国水利水电出版社，2017.7(2020.1重印)
普通高等教育高职高专"十三五"规划教材. 电气类
ISBN 978-7-5170-5767-3

Ⅰ. ①电… Ⅱ. ①汪… ②邱… Ⅲ. ①电子电路－电路分析－高等职业教育－教材②电子电路－制作－高等职业教育－教材③模拟电路－电路分析－高等职业教育－教材④模拟电路－制作－高等职业教育－教材 Ⅳ. ①TN710

中国版本图书馆CIP数据核字(2017)第197967号

书　名	普通高等教育高职高专"十三五"规划教材　电气类 **电子电路分析与制作（模拟电子部分）** DIANZI DIANLU FENXI YU ZHIZUO（MONI DIANZI BUFEN）
作　者	主编　汪卓凡　邱敏
出版发行	中国水利水电出版社 （北京市海淀区玉渊潭南路 1 号 D 座　100038） 网址：www. waterpub. com. cn E-mail：sales@waterpub. com. cn 电话：(010) 68367658（营销中心）
经　售	北京科水图书销售中心（零售） 电话：(010) 88383994、63202643、68545874 全国各地新华书店和相关出版物销售网点
排　版	中国水利水电出版社微机排版中心
印　刷	北京印匠彩色印刷有限公司
规　格	184mm×260mm　16 开本　10.75 印张　255 千字
版　次	2017 年 7 月第 1 版　2020 年 1 月第 2 次印刷
印　数	2001—4500 册
定　价	**33.00 元**

普通高等教育高职高专"十三五"规划教材之

中高职衔接系列教材
编　委　会

主　任　张忠海

副主任　潘念萍

委　员　韦　弘　　龙艳红　　蔡永强　　陆克芬　　邓海鹰

　　　　陈炳森　　梁文兴（中职）　　宁爱民　　黄晓东

　　　　马莲芝（中职）　　陈光会　　方　崇　　梁小流

　　　　李维喜（中职）

秘　书　黄小娥

本　书　编　写　人　员

主　编　汪卓凡　　邱　敏

副主编　丁　欣　李　健　黄滴滴（中职）

主　审　黄　华

前言 QIANYAN

"电子电路分析与制作（模拟电子部分）"是电类专业最重要的专业课程之一，具有很强的实用性，而且是后续专业课程的重要基础课，其教学效果直接影响后续课程的教学。通过本课程的学习，可以使学生掌握电子技术方面的基本知识、基本理论和基本技能，培养学生的电子电路分析、制作和调试的专业实践能力，并为学习后续课程和今后在实际工作中应用电子技术打好基础。

根据中、高职培养目标的要求以及现代科学技术发展的需要和本课程知识目标和能力目标的要求，结合中、高职学生的特点，本教材以工学结合为核心，遵循"以能力为本位，以应用为目的，以必需、够用为度"的原则，着重讲清物理概念和分析方法，在某些理论知识上进行革新，避免烦琐的理论计算和推导，使之更加直观、明了。并着重介绍比较实用的工程计算和近似估算方法，使教材在内容上做到清楚、准确、简洁，通俗易懂，可读性好。打*的章节为选学内容，各专业可根据教学要求、教学计划和教学课时选学相关内容。

本教材的编写着重于实践，有利于学生边学边练、做学一体，能够在实践中学到知识，不断提高自己的理论水平。另外，本教材最显著的创新点是共集电极放大电路的分析，用简单的图解等效方法替代复杂的理论计算和推导，并有小结以及练学拓展题。技能训练内容丰富、实用，便于同学的理解和掌握。

通过本课程的教学，应使学生达到如下基本要求：

（1）熟悉常用电子元器件的特性和主要参数，具有识别元器件、检测元器件和选用元器件的能力。

（2）掌握常用基本单元电路和典型电路的结构、工作原理、主要性能计算方法，熟练掌握电子电路分析的基本方法，能对电子电路进行定性分析和工程估算，具有根据需要选择适用电路和使用集成电路的能力。

（3）掌握电子技术的专业实践技能，培养简单电子产品的制作、测试和调整的能力。

本教材是普通高等教育高职高专"十三五"规划教材之中高职衔接系列

教材中的一本，由广西壮族自治区县级中专综合改革帮扶奖补经费项目予以资助。本书由广西水利电力职业技术学院汪卓凡老师担任第一主编，负责全书的统稿工作并编写了课题 3；广西水利电力职业技术学院邱敏老师担任第二主编参与统稿工作并编写了课题 2；广西水利电力职业技术学院丁欣老师担任副主编并编写了课题 1；广西水利电力职业技术学院李健老师担任副主编并参与编写了课题 4；广西广播电视学校高级讲师黄滴滴担任副主编。本教材由广西南宁市数软科技有限公司总经理黄华担任主审。另外，广西水利电力职业技术学院自动化工程系陈光会主任、姚开武副主任、周湘萍老师、甘文老师、娄淑华老师都给予了很多很好的意见和建议，在教材编写的过程中给予了很大的帮助，莫似事老师也为本书做了大量的编排工作，在此表示衷心的感谢！

由于编者水平有限，时间仓促，书中疏漏及错误之处在所难免，殷切希望使用本教材的师生和读者批评指正。

编者

2017 年 1 月

目录 NULU

绪　　论

0.1　电子技术与人们的生活

在人类社会发展过程中，人们采用了各种方式对信息进行收集、传输和保存（记录）。在古代，用烽烟、信鸽、驿报和书信等形式来传递信息；用龟甲、石碑、竹简、书籍和绘画等方式来记录历史事件、社会生活以及人们的思想和情感；用地动仪、浑天仪来收集、推测地震和天体运行的信息等。鉴于当时社会发展和技术进步的限制，人们在这些方面花费大量人力、物力，效果并不理想。

电子技术的诞生与发展，为人们提供了一种有效的信息处理方式。19 世纪初，奥斯特通过实验发现了电流的磁效应，法拉第发现了电磁感应定律，麦克斯韦以麦克斯韦方程的形式提出了电磁波理论，赫兹通过反复试验，论证了电磁波的存在。这些伟大科学家的工作，为人类揭示出一个无限广阔的应用前景。

电磁波极快的传播速度，首先被应用于信息的传递。1837 年，莫尔斯发明了有线电报，6 年之后，他实现了 40mile（约 64.37km）远的电文传递。1875 年，贝尔发明了电话，在发送端通过话筒将声音信号转换为电流信号，电流信号通过导线进行远距离传输，在接收端再利用听筒将传过来的电流信号转换回声音信号。人类第一次实现了通过导线进行远距离的通话。

1894 年，马可尼和波波夫同时发明无线电，利用火花振荡器通过电键的开闭产生可在空中传播的电磁波信号。3 年后，发射的信号就可以送到 20km 以外。人类开始进入无线电通信时代。

20 世纪初，弗莱明发明了具有单向导电作用的二极管，可以用来对电信号进行整流和检波，随后，福斯特发明了能放大信号的真空三极管。1947 年，布拉丁、巴丁和肖克利发明了晶体三极管。这些发明为人们采用更多方式来处理信号提供了可能。尤其是1945 年第一台电子计算机的研制成功，为电子信息的处理和快速通信的实现提供了强大的工具。

依赖于电子技术的发展和新型器件的不断出现，20 世纪中期，现代通信技术、广播电视技术、计算机技术等得到了突飞猛进的发展。人们对于信息的采集、传输和保存进入了一个令人激动的时代。尤其是 1958 年，基尔比等人发明了第一片集成电路以后，单片硅片上集成的元器件由数百个到上千万个，各种大规模和超大规模集成电路层出不穷。由于集成电路具有成本低、尺寸小、可靠性高和性能优良等优点而被广泛应用，从而引起了工业系统、通信系统、控制系统、计算机系统、测量系统、生物医学系统的革命性发展，使人类进入了信息技术时代。

电磁场理论的建立，各种半导体器件的发明，促进了电子技术的发展和完善。人们对于电信号的处理进入了一个具有无比想象和实现可能的发展空间。借助于各种各样的传感器（例如，话筒将声音信号转换为电信号、CCD感应器将图像信号转换为电信号、温度传感器将温度信号转换为电信号、光敏传感器将光信号转换为电信号、压力传感器将压力信号转换为电信号等），人们可以将对电信号的处理能力迁移到对于声音、图像、温度、光和压力等范畴，从而拥有了对这些不同类型物理量或物理表现形式的全方位处理能力。

以声音处理为例，现在人们可以容易地实现声音的传输（电话、手机和网络等）、保存（CD、MP3和计算机等）、处理（扩音、变调、混响和语音识别）等。这样的方式是以前无法想象的。

工业生产过程，很多是依据温度、压力、湿度和位移等物理量的变化来进行操作的，以前是依靠技术工人来完成这些工作，利用传感器将这些物理量转换成电信号以后，就可采用电子技术手段来采集、记录、显示、分析和判断这些信息，使生产过程自动化成为可能。

0.2 电子技术的研究内容

电子技术的基本任务是研究电信号的产生、传输以及处理。

根据信号变化规律的不同，可以将信号分为模拟信号和数字信号。模拟信号的幅值随时间连续变化，具有多个不同的状态值。通常以正弦波为代表。我们能感知到的声音信号、图像信号和自然界中大部分物理参数（温度、压力、速度、位移和重量等）都属于模拟信号，这些物理参数通过传感器转换成的电信号也是模拟信号。研究模拟电信号的处理方法称为模拟电子技术，包括放大、运算、比较、振荡、滤波和整流等。

另外一类数字信号，它在时间上和幅值上都是离散的，通常用脉冲信号来表示。数字信号只有两个相对立的状态，比如车辆的开与停、灯的亮与灭、门的开与关等。在电信号中一般以高电平（1）表示一种状态，低电平（0）表示另外一种状态。研究数字电信号的处理方法称为数字电子技术，包括编码、译码、数据分配、数据选择、加法、比较、寄存和计数等。

近年来，数字处理技术发展迅速，大规模和超大规模数字集成电路不断涌现，采用数字方式处理模拟信号已经成为主流。通过模/数转换器将模拟信号转换为数字信号，利用数字处理技术对数字信号做各种期望的处理，处理完成后再通过数模/转换器将数字信号还原为模拟信号。这样的处理方式能更加灵活、高效，处理方式更加丰富多样。激光唱机、数码摄像机、数字电视、移动电话等都属于这个范畴。

0.3 电子技术课程的性质和任务

本课程是中、高职电类专业通用的技术基础课，是实践性强的主干课程，在专业课程体系中具有重要的地位和作用。

通过本课程的理论学习和实验、实训和制作等实践教学，使学生获得电子电路及其应用的基本知识，认识常见电子元器件的特性和使用方法，掌握电子电路测量、调整以及故障分析和排除的基本技能，培养学生的实践能力，为后续专业课程的学习和职业能力的养成打下基础。

0.4　电子技术课程的特点及学习方法

本教材主要研究如何利用电子系统来对模拟信号进行处理，包括模拟信号的获得、处理和输出 3 个环节，在学习的过程中，要着眼于系统和应用的角度来理解课程内容。本课程有着以下与其他课程不同的特点和分析方法，学习时注意把握。

（1）电子技术是以电子元器件为核心的电子电路，对于元器件的内容重点了解其外特性和功能以及应用方法，对其内部导电机理不做深入研究。

（2）电子电路是一个比较复杂的系统，影响电路性能的因素很多，在分析时要从实际情况出发，抓住主要矛盾，忽略次要因素，采用工程经验公式进行近似估算，在适当的条件下将非线性特性的电子元器件转换为线性器件，使分析计算过程简化。

（3）由于实际的电子电路性能受各种因素的影响，很难通过理论分析来完整地解决问题，必须在实际应用中进行测试和调整，才能保证电路的性能指标达到设计要求。

电子技术是一门应用性和实践性很强的课程，理论内容抽象，分析方法对于初学者而言比较陌生。课程学习要注意在理解基本理论基础上，通过强化实践训练环节来提高对课程内容的掌握程度。随着设计软件的应用和电路板制作手段的改进，电子线路的设计和制作变得容易实现，这为我们学习掌握这门课程提供了有利的条件，因此，在学习过程当中，要做到勤动脑（动脑理解原理、分析电路、思考电路调试和检测方法）和多动手（动手设计电路、制作电路、测试电路和调整电路），这样才能够真正掌握好电子技术这门课程。

常用半导体器件的检测与应用

教学目的和要求

1. 知识目标要求

(1) 掌握二极管的单向导电性和伏安特性曲线。

(2) 熟悉单相桥式整流电路的组成结构、工作原理及电路参数的计算。

(3) 掌握电容滤波电路的工作原理及电路参数的计算。

(4) 熟悉串联型稳压电路的组成结构、工作原理。

(5) 掌握三端固定、可调集成稳压电路的基本应用方法。

2. 能力目标要求

(1) 学会选择电子元器件并熟练使用万用表检测其质量好坏。

(2) 能够完成直流稳压电源的设计、安装和调试，并能测定其参数。

任务 1　LED 应急灯的制作与检测

1.1　任务目的

了解消防应急灯具的分类、功能与作用以及主要技术指标。掌握消防应急灯的电路组成与工作原理。掌握消防应急灯的制作、安装与调试的方法。掌握消防应急灯具的工作原理与常见电路故障的检修。

1.2　电路设计

消防应急照明灯作为一种备用照明设备，如图 1.1（a）所示。在灯具内装有主电停电时自动提供电源的控制电路与蓄电池（或充电电池组），在有市电供电的情况下自动给蓄电池充电。

LED 消防应急灯具由整流滤波电路（降压、桥式整流、滤波）、指示电路（主电为绿色，充电为红色，故障为黄色）和应急控制电路以及应急照明电路组成，如图 1.1（b）所示。

图 1.2 是 LED 消防应急灯电路图。其分析原理如下：

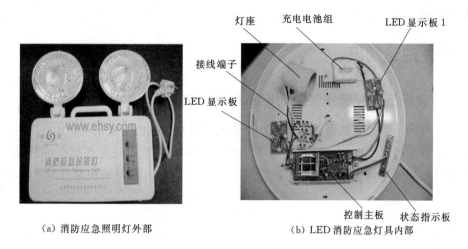

| （a）消防应急照明灯外部 | （b）LED 消防应急灯具内部 |

图 1.1 应急照明灯

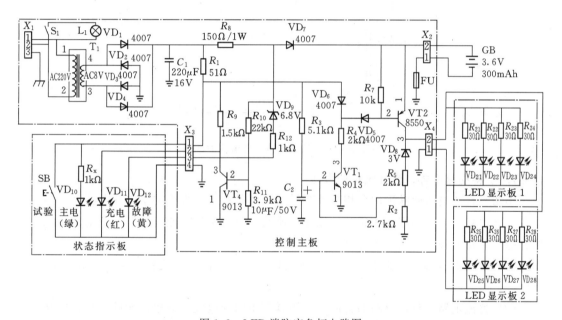

图 1.2 LED 消防应急灯电路图

（1）正常照明。主电供电，白炽灯正常照明，绿灯亮。市电通过由 VD₁、VD₂、VD₃、VD₄ 组成桥式整流电路，C₁ 组成电容滤波电路，电池进行充电，充电指示灯红灯亮。当电池电压升高到一定值时，红灯不亮，正常充电结束，进入涓流充电状态。

（2）当主电突然断电，自动切换为备用电池供电，由 LED 提供照明。当断电时，C₂ 电容放电，导致控制主板的三极管 VT₁（9013）导通。自动切换电池供电，点亮 LED。

在本设计中共使用了 8 路白光 LED 电路，总的工作电流不能超过 200mA，即每个 LED 回路的工作电流不能超过 25mA，考虑到白光 LED 的正向导通电压为 3V，故选取限流电阻为 30Ω，以保证应急工作时间不小于 90min。

（3）过放电保护功能。当电池放电到额定电压的 80% 时，自动切断电池的放电回路，确保电池寿命。

1.3 相关理论知识

1.3.1 二极管及二极管整流滤波电路检测与应用

几乎所有的电子设备都需要稳定的直流电源，通常都是由交流电网供电，因此需要把交流电变成稳定的直流电。直流稳压电源的作用就是把交流电经过整流变成脉动的直流电，然后通过滤波、稳压转换成稳定的直流电。图1.3是LED消防应急灯整流滤波电路。

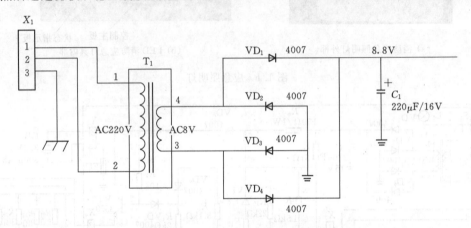

图1.3 LED消防应急灯整流滤波电路

1.3.1.1 将交流电转换为直流电的方法

小功率直流电源通常采用单相整流获得，主要是利用二极管的单向导电特性，将交流电变为脉动直流电。如图1.4所示，线性直流稳压电源由电源变压器、整流电路、滤波电路和稳压电路4部分组成。每部分的功能如下：

（1）电源变压器。电源变压器的任务就是将交流电的幅度变换为直流电源所需的幅度。

（2）整流电路。整流电路的目的是利用具有单向导电性能的整流元件，将正负交替的正弦交流电压整流成为单方向的脉动电压。

（3）滤波电路。滤波电路的功能是将整流后的单向脉动电压中的脉动成分尽可能地滤掉，使输出的电压成为比较平滑的直流电压。该电路由电容、电感等储能元件组成。

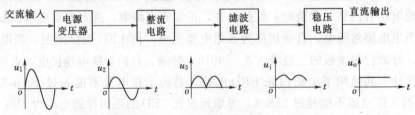

图1.4 直流稳压电路的组成框图

（4）稳压电路。稳压电路的功能是减小电源电压波动、负载变化和温度变化的影响，以维持输出电压的稳定。

1.3.1.2 二极管的结构与导电特性

1. PN 结的形成

如图 1.5 所示，在同一片半导体基片上，分别制造 P 型半导体和 N 型半导体，经过载流子的扩散，在它们的交界面处形成的空间电荷区称为 PN 结。PN 结是多数载流子的扩散运动和少数载流子的漂移运动相较量，最终达到动态平衡的必然结果，相当于两个区之间没有电荷运动，空间电荷区的厚度固定不变。

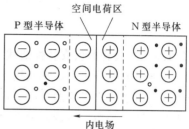

图 1.5　PN 结的形成

2. PN 结的单向导电性

（1）PN 结外加正向电压。如图 1.6 所示，PN 结 P 端接高电位，N 端接低电位，称 PN 结外加正向电压，或称 PN 结正向偏置，简称为正偏。正偏时，PN 结变窄，正向电阻小，电流大，PN 结处于导通状态。

（2）PN 结外加反向电压。如图 1.7 所示，PN 结 P 端接低电位，N 端接高电位，称 PN 结外加反向电压，或称 PN 结反向偏置，简称为反偏。反偏时，PN 结变宽，反向电阻很大，电流很小，PN 结处于截止状态。

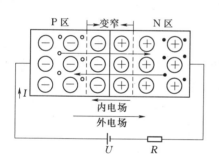

图 1.6　PN 结外加正向电压

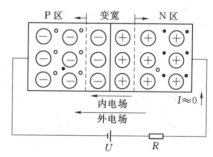

图 1.7　PN 结外加反向电压

（3）PN 结的单向导电性。PN 结外加正向电压时处于导通状态，外加反向电压时处于截止状态，即 PN 结具有单向导电性。

3. 二极管的结构及符号

在形成 PN 结的 P 型半导体和 N 型半导体上，分别引出两根金属引线，并用管壳封装，就制成二极管。其中从 P 区引出的线为正极，从 N 区引出的线为负极。二极管的结构外形及在电路中的文字符号如图 1.8 所示。在图 1.8（b）所示的电路符号中，箭头指向为正向导通电流方向。

4. 二极管的导电特性

从半导体二极管的结构可知，其核心就是一个 PN 结。因 PN 结具有单向导电性，所以二极管也具有单向导电性，即二极管外加正向电压时导通；外加反向电压时截止。这样，电路中的电流只能从二极管的正极流入，负极流出。

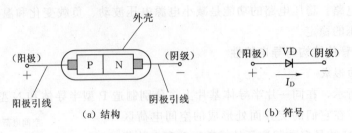

（a）结构　　　　　　（b）符号

图1.8　二极管的结构外形及符号

1.3.1.3　二极管的伏安特性曲线

在电子电路分析中，常利用伏安特性曲线来形象描述二极管的单向导电性。所谓伏安特性，是指二极管两端电压和流过二极管电流的关系。若以电压为横坐标，电流为纵坐标，用作图法把电压、电流的对应值用平滑曲线连接起来，就构成二极管的伏安特性曲线，如图1.9所示（图中虚线为锗管的伏安特性，实线为硅管的伏安特性）。

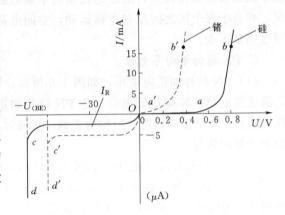

图1.9　二极管的伏安特性曲线

1. 正向特性

当二极管两端加正向电压时，就产生正向电流，正向电压较小时，正向电流极小（几乎为零），这一部分称为死区，相应的 a（a'）点的电压命名为死区电压（又称门坎电压 U_{th}）。硅管的 U_{th} 约为0.5V，锗管的 U_{th} 约为0.1V。当正向电压达到且大于 U_{th} 后，二极管才能真正导通。导通后二极管两端的电压基本上保持不变（锗管约为0.3V，硅管约为0.7V），称为二极管的正向压降。

二极管正向导通时，要特别注意它的正向电流不能超过最大值，否则将烧坏 PN 结。

2. 反向特性

当二极管两端加上反向电压时，在开始的很大范围内，二极管相当于非常大的电阻，反向电流很小，且不随反向电压而变化。此时的电流称为反向饱和电流，如图1.9中 Oc（或 Oc'）段所示。

3. 反向击穿特性

二极管反向电压加到定数值时，反向电流急剧增大，这种现象称为反向击穿。此时的电压称为反向击穿电压用 $U_{(BR)}$ 表示，如图1.9中 cd（或 $c'd'$）段所示。

1.3.1.4　单相桥式整流电路

单相桥式整流电路如图1.10所示。4只二极管 VD_1、VD_2、VD_3、VD_4 构成桥形电路，在4个顶点中，不同极性点接在一起与变压器次级绕组相连，同极性点接在一

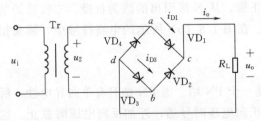

图1.10　单相桥式整流电路图

起与直流负载相连。

1. 工作原理分析

设变压器次级电压 $u_2 = \sqrt{2}U_2\sin\omega t$，$u_2$ 正半周时，a 端电压极性为正，b 端为负。二极管 VD_1、VD_3 正偏导通，VD_2、VD_4 反偏截止。其导通途径如下：

$$u_{2+} \longrightarrow a \longrightarrow VD_1 \longrightarrow c \longrightarrow R_L \longrightarrow d \longrightarrow VD_3 \longrightarrow b \longrightarrow u_{2-}$$

此时，负载 R_L 上电流方向自上而下，忽略二极管压降，则输出电压为 $u_o \approx u_2$。

u_2 负半周时，b 端电压极性为正，a 端为负。二极管 VD_2、VD_4 正偏导通，VD_1、VD_3 反偏截止。其导通途径如下：

$$u_{2-} \longrightarrow b \longrightarrow VD_2 \longrightarrow c \longrightarrow R_L \longrightarrow d \longrightarrow VD_4 \longrightarrow a \longrightarrow u_{2+}$$

同样，负载 R_L 上电流方向自上而下，忽略二极管压降，输出电压 $u_o \approx -u_2$。

由此可见，在交流电压的正、负半周，电流都以同一个方向流过 R_L，从而达到整流的目的。4 个二极管两个一组轮流导通，在负载上得到脉动的直流电压 u_o 和流过二极管的电流及其截止时两端电压波形如图 1.11 所示。

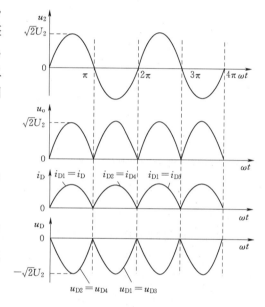

图 1.11 桥式整流电路的电流电压波形

2. 负载上电压与电流的计算

负载两端输出电压：

$$U_o = 2 \times 0.45U_2 = 0.9U_2 \qquad (1.1)$$

流过负载电阻 R_L 的电流 I_o：

$$I_o = \frac{U_o}{R_L} = \frac{0.9U_2}{R_L} \qquad (1.2)$$

式中：U_o 为负载上电压的平均值；U_2 为二次电压的有效值。

3. 整流二极管的选择

每只二极管在正、负半周轮流导通，所以其电流平均值 I_D 为负载电流的一半，即

$$I_D = \frac{1}{2}I_o = 0.45\frac{U_2}{R_L} \qquad (1.3)$$

二极管最高反向工作电压 U_{RM} 为其截止时所承受的反向峰压：

$$U_{RM} = \sqrt{2}U_2 \qquad (1.4)$$

整流电路也可以利用集成技术，将硅整流器件封装制成硅整流堆，成为硅堆。

1.3.1.5 滤波电路

所谓滤波，就是将整流后脉动直流电的交流成分除去，使之变为平滑直流电的过程。

1. 电容滤波电路

在整流电路中，把一个大电容 C 并联接在负载电阻两端就构成了电容滤波电路，其电路和工作波形如图 1.11 所示。工作原理可根据图 1.12（b）电流电压波形来分析。

设电容初始电压为零，并在 $t = 0$ 时接通电源。u_2 在上升的过程中对电容进行充电，

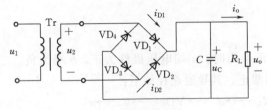

（a）电容滤波电路图

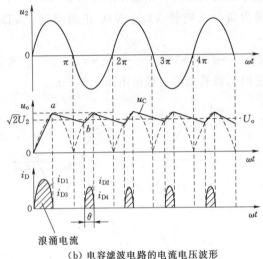

（b）电容滤波电路的电流电压波形

图1.12 电容滤波电路

其充电电压为 $u_C=u_o\approx u_2$（电压波形的 oa 段）。当 u_2 达到最大时 u_C 亦最大，即在电压波形的 a 点处，充电结束。此后因 $u_C>u_2$，则整流输出结束，电容器经负载电阻 R_L 放电，即此时的负载电流由电容器放电获得。放电的快慢由时间常数 $\tau=R_LC$ 决定；放电的过程按指数规律下降（电压波形的 ab 段）。由于电容两端电压的变化速度较电源电压变化的速度慢，在 u_2 的负半周，当满足 $|u_2|>u_C$ 时，二极管 VD_2、VD_4 导通，电容器 C 将再次被充电，直至 u_2 的峰值，充电结束。

如此往复，在负载端就得到一纹波系数较小的锯齿波，其输出电压的平均值也增大了。

计算关系：在电源电压一定时，输出电压的高低将取决于时间常数 τ。当 R_L 开路时，$\tau\to\infty$，则 $U_o\approx\sqrt{2}U_2$。若满足 $R_LC\geq(3\sim5)\dfrac{T}{2}$ 条件（T 为电源电压周期），则输出电压可取 $U_o\approx1.2U_2$。

在选择二极管时须注意：只有在 $|u_2|>u_C$ 的条件下二极管才能导通，因此其导通时间缩短了。在负载功率不变的条件下，将会在二极管上形成较大的冲击电流即浪涌电流，这是在二极管选择时必须考虑的。一般可按 $I_D=(2\sim3)I_o$ 来考虑。

适用场合：输出电压的平滑度因负载电阻的大小而异，负载电阻越大滤波效果越好，输出越稳定；反之输出电压波动就大。因而电容滤波电路只能用于负载变化不大的小电流整流场合。

2．其他形式的滤波电路

（1）电感滤波电路。由于电感的特点是阻碍电流的变化，因此，当负载电流变化越大，滤波的效果就越好。一般适用于低电压、大功率的负载。如图1.13（a）所示。

（2）π型滤波电路。有RCπ型滤波电路和LCπ型滤波电路，如图1.13（b）所示。

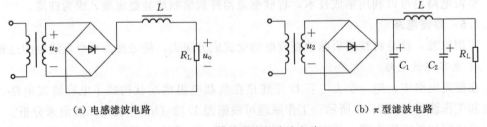

（a）电感滤波电路　　　　　　　　　　　　（b）π型滤波电路

图1.13 其他形式的滤波电路

一般情况下，对于大功率负载，通常选用 LC 滤波电路；小容量负荷一般选用 RC 滤波电路。

1.3.2　半导体三极管电路检测与应用

1.3.2.1　三极管是具有电流控制作用的半导体器件

三极管是具有电流控制特性的半导体器件。根据结构不同分为 NPN 和 PNP 两种类型如图 1.14 所示，3 个电极分别是基极 B，集电极 C 和发射极 E，B 和 E 之间称为发射结，C 和 B 之间称为集电结，它们都具有基极电流 I_B 控制集电极电流 I_C 的特性，只是电流的方向不同。课程 1 以目前应用较为广泛的 NPN 三极管为例进行分析。

我们通过对图 1.15 所示三极管测试电路数据进行分析，来了解三极管的电流控制特性。改变电路中的基极回路电源 V_{BB} 是基极电流 I_B 发生变化，测量对应的集电极电流 I_C 和发射极电流 I_E，得到表 1.1 所示数据。

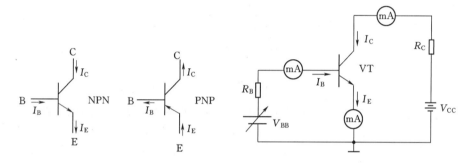

图 1.14　三极管符号　　　　　　　图 1.15　三极管测试电路图

表 1.1　　　　　　　　　　　三极管基极电流与集电极电流数据

I_B/mA	0	0.01	0.02	0.03	0.04	0.05
I_C/mA	0.01	0.56	1.14	1.74	2.33	2.91
I_E/mA	0.01	0.57	1.16	1.77	2.37	2.96

对表中所列数据进行分析，得到以下结论：

(1) 三极管三个电流 I_B、I_C 和 I_E 的大小关系：

$$I_E = I_B + I_C \tag{1.5}$$

(2) $I_B = 0$ 时，$I_C = 0.01\text{mA}$，称为穿透电流 I_{CEO}，这是不受基极电流 I_B 控制的电流部分，在电路中表现为器件噪声，这个值越小，三极管的噪声系数就越小。

(3) 基极电流 I_B 小，集电极电流 I_C 大，同时

$$\frac{I_C}{I_B} \approx \bar{\beta}(\text{常量}) \tag{1.6}$$

即小电流 I_B 增大，大电流 I_C 也增大，小电流 I_B 减小，大电流 I_C 也减小，I_C 跟随 I_B 变化，也就是 I_B 能够控制 I_C，$\bar{\beta}$ 称为直流电流放大倍数。

(4) 从表 1.1 中可以看出，当 I_B 增大或减小 0.01mA，I_C 就会增大或减小 0.58mA 左右，I_C 的变化量明显大于 I_B 的变化量，即 I_C 跟随 I_B 变化，同时具有更大的变化幅度。

$\beta=\Delta I_\mathrm{C}/\Delta I_\mathrm{B}$ 称为交流电流放大倍数,它反映三极管对信号的放大能力。在低频的情况下,$\bar{\beta}$ 与 β 近似相等,后面内容里不再加以区分。

综上所述,三极管是具有小电流 I_B 控制大电流 I_C 特性的电流控制电流源器件,利用这个特性可以对信号进行放大。

1.3.2.2 三极管的伏安特性

要利用三极管来放大信号,需要将输入小信号 u_i(幅值比较小的交流电压信号)接入基极所在回路,使基极电流 I_B 产生与小信号 u_i 同样的变化,基极电流 I_B 的变化促使集电极电流 I_C 做更大幅度的同步变化,就可以从 I_C 回路中取出放大的信号(变化量)。三极管基极电流回路就称为三极管的输入回路,集电极电流回路就称为输出回路。下面分别讨论三极管的输入特性和输出特性。

1. 输入特性

当 U_CE 不变时,输入回路中的基极电流 I_B 与发射结电压 U_BE 之间的关系曲线称为输入特性,即 $I_\mathrm{B}=f(U_\mathrm{BE})\,|\,_{U_\mathrm{CE}=\text{常量}}$。

以硅材料 NPN 三极管为例,输入特性如图 1.16 所示。

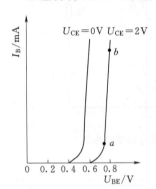

图 1.16 三极管输入特性

(1) $U_\mathrm{CE}=0$ 时,输入特性是左边那条曲线,当 U_CE 增大时,输入特性曲线向右移动变化,当 $U_\mathrm{CE}>1\mathrm{V}$ 后,基本稳定下来,所以我们以 $U_\mathrm{CE}=2\mathrm{V}$ 的输入特性曲线来作为讨论的对象(实际应用中加在集电极和发射极之间的电压都大于 1V)。

(2) $U_\mathrm{BE}=0\sim0.6\mathrm{V}$(死区电压),$I_\mathrm{B}=0$,三极管截止。

(3) 当 $U_\mathrm{BE}>0.6\mathrm{V}$(死区电压)后,三极管开始导通,$I_\mathrm{B}>0$,导通初期,$I_\mathrm{B}$ 与 U_BE 呈曲线关系变化。

(4) 三极管导通后,I_B 迅速增大,此时 U_BE 基本维持稳定(约为 0.7V),如图中点 a、点 b 之间区域,在此区间,I_B 与 U_BE 近似线性,即 U_BE(电压)发生变化,I_B 就会跟随同步变化,电压的变化引发电流的相同变化。

锗材料三极管的死区电压为 0.1V,导通后 U_BE 电压维持在 0.3V。

2. 输出特性

当 I_B 不变时,输出回路中的集电极电流 I_C 与集电极发射极之间电压 U_CE 的关系曲线称为输出特性,即 $I_\mathrm{C}=f(U_\mathrm{CE})\,|\,_{I_\mathrm{B}=\text{常量}}$。

固定一个 I_B 值,可以得到一条输出特性曲线,分别改变 I_B 值可以得到一簇输出特性曲线,如图 1.17 所示。

(1) $I_\mathrm{B}=0\mathrm{mA}$ 时,$I_\mathrm{C}=I_\mathrm{CEO}$(穿透电流)很小,有时为简化分析将其忽略。

(2) 以 $I_\mathrm{B}=40\mathrm{mA}$ 为例:

1) U_CE 从 0 开始增大时,I_C 迅速增大。

2) 当 $U_\mathrm{CE}>1\mathrm{V}$ 以后,输出特性曲线变为近似水平,即 U_CE 继续增大,I_C 保持稳定,U_CE 对 I_C 的

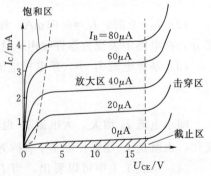

图 1.17 三极管输出特性

影响很小，要增大 I_C 的值，需要将 I_B 值增大。说明在这个区域内，集电极电流 I_C 的大小主要取决于基极电流 I_B，而受 U_{CE} 影响不明显，即三极管是基极电流 I_B 控制集电极电流 I_C 的电流控制器件。

3）I_B 维持不变，U_{CE} 增大到一定数值时，I_C 会急剧增加，如图 1.17 中输出特性曲线尾部所示，称为击穿。

1.3.2.3   三极管的三种工作状态

三极管是基极电流 I_B 控制集电极电流 I_C 的受控电流源，根据两个电流的大小和相对关系，可以将三极管的工作状态划分为截止、放大和饱和 3 个状态。

以图 1.18 所示三极管直流工作电路为例。

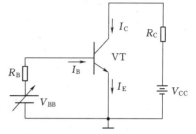

图 1.18   三极管直流工作电路

（1）截止。当 $V_{BB} = 0V$ 时，$I_B = 0$，$I_C \approx 0$，三极管处于截止状态，I_B 与 I_C 没有形成控制关系，$U_{CE} = V_{CC} - I_C R_C \approx V_{CC}$。

（2）放大。当 $V_{BB} >$ 死区电压，三极管导通，$I_B > 0$，$I_C = \beta I_B$，I_C 的大小没有超过 V_{CC} 回路所能提供的最大值 V_{CC}/R_C，I_B 与 I_C 的比例关系得以保持，I_B 具有控制 I_C 的作用，这个状态称为放大。

（3）饱和。当 V_{BB} 增大使 I_B 很大，维持 β 倍比例要求的 $I_C(\beta I_B)$ 超出了 V_{CC} 回路能提供的最大电流值 V_{CC}/R_C，即 I_C 达到最大值仍小于 βI_B，I_B 与 I_C 比例关系不能保持，此时 I_B 再增加，I_C 维持饱和，控制关系被破坏，这种状态称为饱和。由于 I_C 达到最大值，$U_{CE}(U_{CE} = V_{CC} - I_C R_C)$ 很小，通常小于 1V。

三极管的 3 种工作状态在输出特性曲线上分别对应于截止区、放大区和饱和区，如图 1.17 所示。

1.3.2.4   用三极管组成信号放大电路

信号放大就是用小信号（电压变化量）去控制一个直流电源，使其产生具有与小信号相同变化规律，变化幅值更大的大信号。放大的实质是一种控制作用。三极管是具有电流控制作用的受控源器件，利用三极管可以组成具有信号放大作用的放大电路。

以三极管为核心，组成放大电路，需要满足以下条件：

（1）三极管要工作在放大（控制）状态。

（2）输入小信号 u_i 能激发基极电流 I_B 发生变化，使集电极电流 I_C 发生更大幅度的变化。

（3）将集电极电流 I_C 的更大幅度变化转化为电压 u_o 的变化，向外送出。

下面按照上述要求来构建放大电路。

（1）三极管工作在放大状态。如图 1.18 所示电路，V_{BB} 提供基极电流 I_B，并有 R_B 调节 I_B 的大小，使三极管工作在放大状态，V_{CC} 提供集电极电流 I_C，集电极电阻 R_C 把电流 I_C 的变化转为了电压 U_C 的变化，称为直流负载。

（2）交流电压信号通过电容 C_1、C_2 接入放大器放大并输出，称为直耦合电容，如图 1.19 所示。信号放大原理：输入信号 u_i（小的交流电压信号）通过电容 C_1 接到三极管基极，使三极管基极发射极电压 U_{BE} 在原来导通的基础上产生小幅波动。由三极管输入特性知道，此时三极管的基极电流 I_B 与基极发射极之间的电压 U_{BE} 呈线性关系，因此基极电流 I_B 将产生与 U_{BE} 同样的波动，控制着 I_C 产生同样规律但幅度更大的波动。

集电极电流 I_C 随着基极电流 I_B 发生了变化，但三极管的集电极电压 U_C 和发射极电压 U_E 分别接 V_{CC} 的正极和负极，电位不变，加入集电极电阻 R_C 后，$U_C = U_{CC} - I_C R_C$，U_C 就随 I_C 发生变化，这样就把电流 I_C 的变化转为电压 U_C 的变化，通过隔直耦合电容 C_2 就将 U_C 的交流分量 u_o 送出来，得到放大以后的电压信号，如图 1.19 所示。

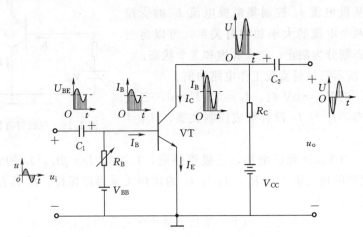

图 1.19　信号放大原理图

如图 1.19 所示的电路需要 V_{BB} 和 V_{CC} 两组电源，为简化电路，将 V_{BB} 改由 V_{CC} 提供，课程 1 中，电源 V_{CC} 通常省略不画，只用电气符号 $+V_{CC}$ 表示，得电路如图 1.20 所示。

在图 1.20 所示电路中，输入信号 u_i 从三极管的基极接入，放大后的输出信号 u_o 从三极管的集电极输出，发射极接公共端（参考端），称为共发射极放大电路。

如果输出信号从三极管发射极输出，需要在发射极 E 与电源 V_{CC} 负极加入隔离电阻，使 U_E 随 I_C 发生变化，此时集电极电阻 R_C 不起作用可以去掉，集电极接电源端（公共端、参考端），如图 1.21 所示，这种放大电路连接形式称为共集电极放大电路。

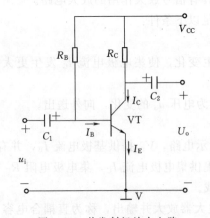 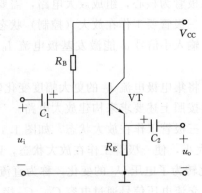

图 1.20　共发射极放大电路　　　　　图 1.21　共集电极放大电路

将输入信号 u_i 接入三极管发射极（加入发射极电阻 R_E 以防输入信号 u_i 被电源短

路），同样可以改变 U_{BE}，从而是基极电流 I_B 发生变化，实现放大，此时输出信号只能从三极管的集电极 C 送出来，这种放大电路连接形式称为共基极放大电路。由于其极放大电路主要用在高频上，本教材只做选学内容，可参考 *4.3.5 内容。

1.4　特殊二极管的检测

1.4.1　稳压二极管

稳压二极管的符号和伏安特性曲线如图 1.22 所示，是利用反向击穿特性进行工作的特殊二极管。主要参数如下：

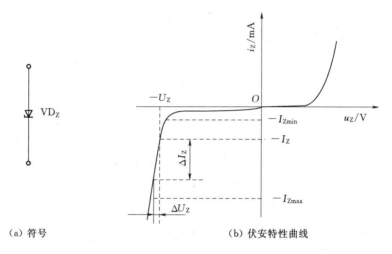

（a）符号　　　　　　　　（b）伏安特性曲线

图 1.22　稳压二极管

（1）U_Z 为稳定电压，指流过规定电流时二极管两端的反向电压值。

（2）I_Z 为稳定电流，稳压二极管稳压工作时的参考电流值。

（3）P_{ZM} 和 I_{ZM} 分别为最大耗散功率和最大工作电流，保证管子不被热击穿而规定的极限参数。

（4）r_Z 为动态电阻，$r_Z = \Delta U_Z / \Delta I_Z$。

（5）C_T 为电压温度系数，$C_T = \dfrac{\Delta U_Z / \Delta I_Z}{\Delta T} \times 100\%$。

1.4.2　发光二极管

发光二极管简称 LED，如图 1.23 所示，是一种通以正向电流就会发光的二极管。发光二极管的伏安特性与普通二极管相似，不过它的正向导通电压大于 1V，同时发光的亮度随通过的正向电流增大而增强，工作电流为几毫安到几十毫安，典型工作电流为 10mA 左右。发光二极管的反向击穿电压一般大于 5V。

1.4.3　光电二极管

图 1.24 为光电二极管符号。使用时光电二极管 PN 结工作在反向偏置状态，在光的

照射下，反向电流随光照强度的增加而上升（这时的反向电流叫光电流），所以，光电二极管是一种将光信号转为电信号的半导体器件。

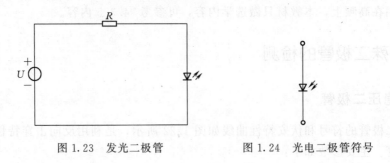

图 1.23　发光二极管　　　　　　　　图 1.24　光电二极管符号

*1.5　场效应晶体管的检测与应用

场效应晶体管是电压控制型半导体器件（电压 u_{GS} 控制电流 i_D），简称场效应管，它是利用改变电场强弱来控制固体材料的导电能力，具有输入、输出阻抗非常大，热稳定性好、低噪声、抗辐射能力强、制造工艺简单、便于集成等优点，在电子电路中用作输入级、可变电阻、恒流源、电子开关等。

根据结构的不同，场效应管可以分为结型和绝缘栅型两类，绝缘栅型场效应管的结构是金属-氧化物-半导体（Metal - Oxide - Semiconductor），简称 MOS 管。MOS 管可以分为 N 沟道和 P 沟道两种，每一种又可以分为增强型与耗尽型两种类型。

1.5.1　N 沟道增强型绝缘栅场效应晶体管特性及其放大电路

1.5.1.1　结构与符号

N 沟道增强型绝缘栅场效应晶体管的结构如图 1.25（a）所示，三个电极分别为栅极（G）、漏极（D）和源极（S），图 1.25（b）是 N 沟道增强型绝缘栅场效应晶体管的符号（使用时衬底通常是与源极连在一起），栅源极电压 u_{GS} 的变化可以控制漏极电流 i_D 的变化，从而实现放大作用，属于电压控制器件。由于漏极电流 i_D 在 u_{GS} 大于某个数值（开启电压值）后才会产生，称为增强型场效应管。图 1.25（c）是 P 沟道增强型绝缘栅场效应管图形符号。

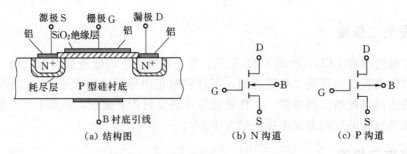

图 1.25　增强型绝缘栅场效应晶体管

1.5.1.2　电气特性

按图 1.26 连接电路，测试得 N 沟道增强型绝缘栅场效应晶体管的转移特性曲线（u_{GS}-i_D）和输出特性曲线（u_{DS}-i_D）如图 1.27 所示。

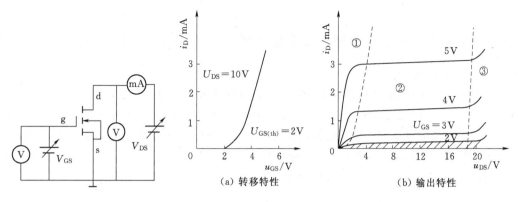

图 1.26　增强型 MOS 电路　　　　图 1.27　N 沟道增强型 MOS 特性

1. 转移特性曲线

转移特性曲线是指当 u_{DS} 保持不变时，N 沟道增强型绝缘栅场效应晶体管 u_{GS} 对 i_D 的控制特性，即输入电压对输出电流的控制特性 $i_D = f(u_{GS})\big|_{U_{DS}=常量}$。转移特性有以下几个特点：

（1）$u_{GS} < U_{GS(th)}$（开启电压）时，$i_D \approx 0$。

（2）$u_{GS} > U_{GS(th)}$ 后，i_D 开始导通，i_D 随 u_{GS} 增大而增大，u_{GS} 具有控制 i_D 的能力，i_D 与 u_{GS} 的关系，可用式（1.7）近似表示：

$$i_D = I_{DO}\left(\frac{u_{GS}}{U_{GS(th)}} - 1\right)^2 \tag{1.7}$$

其中 I_{DO} 是 $u_{GS} = 2U_{GS(th)}$ 时的 i_D 值。

u_{GS} 对 i_D 的控制能力用跨导 g_m 来表示，$g_m = \dfrac{di_D}{du_{GS}}\bigg|_{u_{DS}=C}$（mA/V），单位是毫西，通常 g_m 的数值比较小，其对电流的控制能力（即放大能力）比三极管要弱，可以通过对式（1.7）求导来计算 g_m 的值。

2. 输出特性曲线

当 $u_{GS} > U_{GS(th)}$ 并保持不变时，u_{DS} 的变化也会引起 i_D 的变化，i_D 与 u_{DS} 之间的关系称为输出特性，即 $i_D = f(u_{DS})\big|_{u_{GS}=常量}$，它反映了漏源电压 u_{DS} 对 i_D 的影响。输出特性曲线有以下几个特性：

（1）$u_{GS} > U_{GS(th)}$ 且保持不变时，u_{DS} 由 0 开始增大，i_D 迅速升高，u_{GS} 越大，i_D 增速越快，D、S 极间等效电阻的大小取决于 u_{GS} 的大小，这个区域称为可变电阻区，特性曲线中①区。

（2）当 u_{DS} 增大到一定程度（$u_{DS} > u_{GS} - U_{GS(th)}$）时，$i_D$ 趋于饱和，其数值几乎不随 u_{DS} 的变化而变化，表现出恒流特性，这个区域称为恒流区（饱和区），特性曲线中②区。i_D 的恒流值大小取决于 u_{GS} 的数值，即受 u_{GS} 控制，u_{GS} 增大，i_D 随之增大。

（3）当 u_{DS} 很大时，漏源极之间会发生击穿，i_D 急剧增大，不加以限制，容易造成场效应管损坏。这个区域称为击穿区，特性曲线中③区。

从输出特性可知，使 MOS 管工作在恒流区，就可以用 u_{GS} 来对 i_D 进行控制，实现放大作用。

1.5.2 N 沟道耗尽型绝缘栅场效应晶体管特性及其放大电路

1.5.2.1 结构与符号

N 沟道耗尽型绝缘栅场效应晶体管的结构如图 1.28 所示，三个电极分别为栅极（G）、漏极（D）和源极（S），图1.29（a）所示是 N 沟道耗尽型绝缘栅场效应晶体管的符号，也是栅源极电压 U_{GS} 的变化控制漏极电流 i_D 的变化，不同的是漏极电流 i_D 在 U_{GS} ＝0 时就具有一定数值，并随 U_{GS} 负向减小到某一数值（夹断电压值）时截断，故称为耗尽型场效应管。图 1.29（b）所示是 P 沟道耗尽型绝缘栅场效应管图形符号。

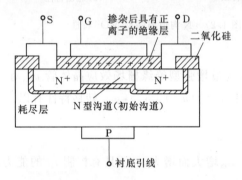

图 1.28　N 沟道耗尽型 MOS 结构图

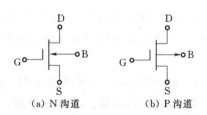

（a）N 沟道　　　（b）P 沟道

图 1.29　耗尽型绝缘栅场效应晶体

1.5.2.2 电气特性

N 沟道耗尽型绝缘栅场效应晶体管的转移特性曲线（u_{GS}-i_D）和输出特性曲线（u_{DS}-i_D）如图 1.30 所示。

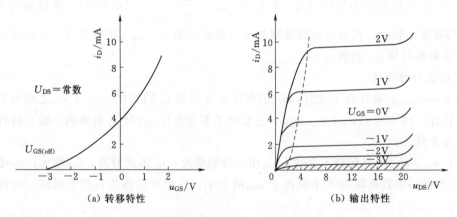

（a）转移特性　　　　　　　　　（b）输出特性

图 1.30　N 沟道耗尽型 MOS 特性

1. 转移特性曲线

（1）u_{GS}＝0 时，i_D＝I_{DSS}。

（2）i_D 随 u_{GS} 增减而增减，当 u_{GS} 减小到 $U_{GS(off)}$ 时，i_D 减小为 0，称夹断。i_D 与 u_{GS} 的关系，可用式（1.8）近似表示：

$$i_D = I_{DSS}\left(1 - \frac{u_{GS}}{U_{GS(off)}}\right)^2 \qquad (1.8)$$

其中 I_{DSS} 是 $u_{GS} = 0$ 时的 i_D 值。

对式（1.8）求导，可以求得 g_m 的值。

2. 输出特性曲线

输出特性曲线与 N 沟道增强型绝缘栅场效应管相似，不同的是增强型场效应管的 u_{GS} 只能取正值，而耗尽型场效应管的 u_{GS} 既可取正值也可取负值。

从输出特性可知，使 MOS 管工作在恒流区，同样可以用 u_{GS} 来对 i_D 进行控制，进而实现放大作用。

1.5.3 N 沟道结型场效应晶体管特性及其放大电路

1.5.3.1 结构与符号

结型场效应管（Junction Type Field Effect Transistor）的特性和耗尽型绝缘栅场效应管类似。图 1.31 分别为 N 沟道和 P 沟道的结型场效应管的图形符号。

结型场效应管在漏极电压 u_{GS} 的作用下，形成漏极电流 i_D，当栅源极电压 $|u_{GS}|$ 增大时，电流 i_D 会减小，当 $|u_{GS}|$ 达到一定数值时，i_D 减小到 0，被夹断，此时的 $|U_{GS}|$ 称为夹断电压，用 $U_{GS(off)}$ 表示。

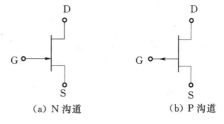

（a）N 沟道 （b）P 沟道

图 1.31 结型场效应晶体管

使用结型场效应管时，应使栅极与源极之间加反向电压，即对于 N 沟道的管子来说，$U_G < U_S$，对于 P 沟道的管子来说，$U_G > U_S$。下面以 N 沟道结型场效应管为例进行分析。

1.5.3.2 N 沟道结型场效应管的电气特性

N 沟道结型场效应管的转移特性曲线（u_{GS}-i_D）和输出特性曲线（u_{DS}-i_D）如图 1.32 所示。

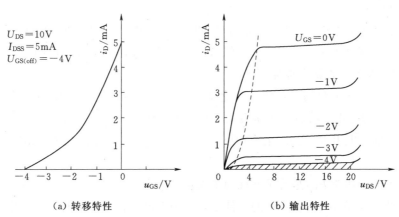

（a）转移特性 （b）输出特性

图 1.32 N 沟道结型 MOS 特性

1. 转移特性曲线

（1）控制电压 u_{GS} 的取值范围 $U_{GS(off)} \leqslant u_{GS} \leqslant 0$，$u_{GS} = 0$ 时，i_D 有最大值，用零偏漏极电流 I_{DSS} 表示。

（2）u_{GS} 由 0V 减小，i_D 随之减小，当 u_{GS} 减小到 $U_{GS(off)}$ 时，i_D 被夹断（等于零）。i_D 与 u_{GS} 的关系，可用式（1.9）近似表示：

$$i_D = I_{DSS} \left(1 - \frac{u_{GS}}{U_{GS(off)}}\right)^2 \tag{1.9}$$

其中 I_{DSS} 是 $u_{GS} = 0$ 时的 I_D 值。

对式（1.9）求导，可以估算 g_m 的值。

2. 输出特性曲线

N 沟道结型场效应管的输出特性曲线与耗尽型绝缘栅场效应管相似，但结型场效应管的 u_{GS} 只能取负值，管子的输出状态也可以划分为 3 个区域：可变电阻区、恒流区和击穿区。

从输出特性可知，使结型场效应管工作在恒流区，同样可以用 u_{GS} 来对 i_D 进行控制，实现放大作用。

1.5.3.3　结型场效应管的检测

根据结型场效应管的 PN 结正反向电阻的不同，可用万用表对其进行 3 个电极的判别。将万用表拨至 $R \times 1k\Omega$ 挡，用黑表笔接任一个电极，红表笔依次触碰其他两个极。若两次测得的阻值较小且近似相等，则黑表笔所接的电极为栅极 G，另外两个电极分别是源极 S 和漏极 D，且管子为 N 沟道型管。结型场效应管的漏极和源极原则上可互换。

如果用红表笔接管子的一个电极，黑表笔分别触碰另外两个电极，若两次测得的阻值较小且近似相等，则红表笔所接的电极为栅极 G，且管子是 P 沟道型管。

1.5.4　场效应晶体管的主要参数

（1）夹断电压 $U_{GS(off)}$ 或开启电压 $U_{GS(on)}$；当 u_{GS} 为某固定值时，使漏极电流 i_D 接近零（或按规定等于一个微小电流），这时的栅源极电压即为夹断电压 $U_{GS(off)}$（耗尽型）或开启电压 $U_{GS(th)}$（增强型）。

（2）零偏漏极电流 I_{DSS}：当 U_{DS} 为固定值时，栅源电压 u_{GS} 为零时的漏极电流。

（3）漏极击穿电压 $U_{(BR)DS}$：当 u_{DS} 增加，使 I_D 开始剧增时的 u_{DS} 称为 $U_{(BR)DS}$。使用时，U_{DS} 不允许超过此值，否则会烧坏管子。

（4）栅源击穿电压 $U_{(BR)GS}$：使二氧化硅绝缘层击穿时的栅源电压叫作栅源击穿电压 $U_{(BR)GS}$，一旦绝缘层击穿将造成短路现象，使管子损坏。

（5）直流输入电阻 R_{GS} 是指栅源间所加一定电压与栅极电流的比值。MOS 管的 R_{GS} 数值很大，在 $10^{10} \Omega$ 左右。

（6）漏极最大功耗 P_{DM} 是管子允许的最大耗散功率。

（7）跨导 g_m：在 u_{DS} 为规定值的条件下，漏极电流变化量和引起这个变化的栅源电压变化量之比，称为跨导或互导，即

$$g_{\mathrm{m}} = \frac{\mathrm{d}i_{\mathrm{D}}}{\mathrm{d}u_{\mathrm{GS}}}\bigg|_{u_{\mathrm{DS}}=C} \quad (\mathrm{mA/V}) \tag{1.10}$$

式中：g_{m} 为转移特性曲线上工作点处斜率的大小，是衡量场效应管放大能力的重要参数，g_{m} 越大场效应管放大能力越好。即 u_{GS} 控制 i_{D} 的能力越强。

跨导 g_{m} 的单位是毫西门子（ms），g_{m} 的大小一般为零点几毫西门子到几十毫西门子。

一些绝缘栅场效应管的型号和主要性能参数可参阅手册。各种场效应管的符号和特性曲线见表 1.2。

表 1.2　　　　　　　　　　　各种场效应管的符号和特性曲线

结构种类	工作方式	符号	电压极性		转移特性 $i_{\mathrm{D}}=f(u_{\mathrm{GS}})$	输出特性 $i_{\mathrm{D}}=f(u_{\mathrm{DS}})$
			U_{P} 或 U_{T}	u_{DS}		
N 沟道 MOSFET	耗尽型		（－）	（＋）		
	增强型		（＋）	（＋）		
P 沟道 MOSFET	耗尽型		（＋）	（－）		
	增强型		（－）	（－）		
P 沟道 JFET	耗尽型		（＋）	（－）		

结构种类	工作方式	符号	电压极性		转移特性 $i_D=f(u_{GS})$	输出特性 $i_D=f(u_{DS})$
			U_P 或 U_T	u_{DS}		
N 沟道 JFET	耗尽型	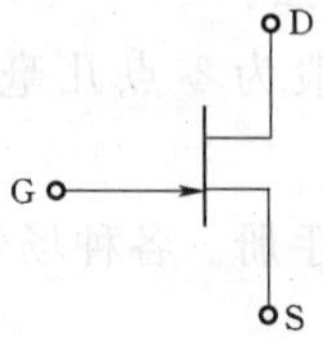	(−)	(+)	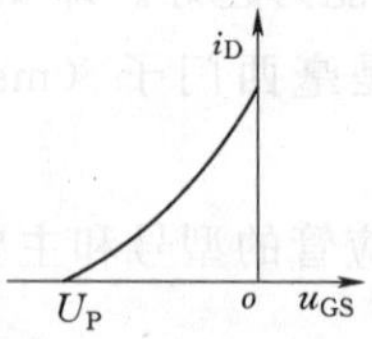	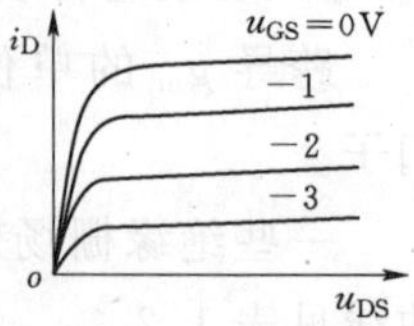
P 沟道 GaAs MESFET	耗尽型	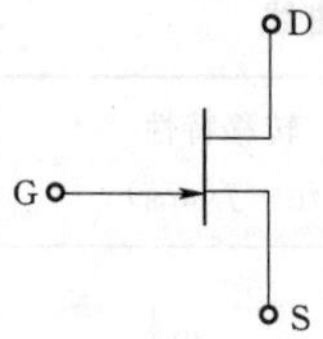	(−)	(+)	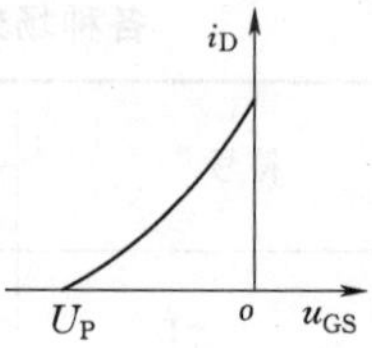	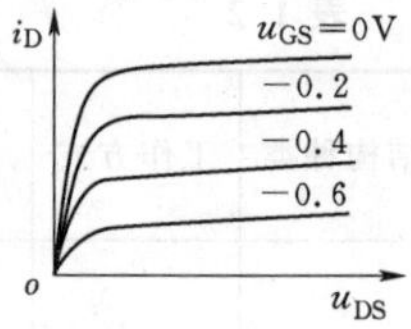

1.5.5　使用场效应晶体管的注意事项

（1）绝缘栅场效应管栅源极之间的等效电阻很高，使得栅源极的感应电荷不易释放，因极间电容很小，容易造成电压过高使绝缘栅击穿。因此，保存绝缘栅场效应管应使 3 个电极短接，避免栅极悬空。焊接时，电烙铁外壳应良好接地，或烧热电烙铁后切断电源再焊。测试绝缘栅场效应管时，应先接好线路再断开所短接的电极，测试结束后应先短接各电极。测试仪器要接地良好。

（2）有些场效应管将衬底引出，故有 4 个管脚，这种管子漏极与源极可以互换使用。但有些场效应管在内部已将衬底与源极连接在一起，只引出 3 个电极，这种管子的漏极和源极不能互换使用。

1.6　消防应急灯的实施过程

1.6.1　制作说明

消防应急灯的多用途直流稳压电源电路，可参考图 1.2，在业余制作、家电修理以及电池充电等方面都能得心应手地应用。本电路能输出电压为 3V，正向工作电流范围为 10～30mA。本电路采用 8 路白光 LED 电路制作。消防应急灯电路在下面的工作状态中的工作过程：

（1）正常供电状态：接通电源，整流后经过 $R_1 \rightarrow R_x \rightarrow G$（LED）绿灯亮。刚开始充电时电池电压低 $\rightarrow R_1 \rightarrow R_9 \rightarrow R$（LED）充电指示红灯亮。

（2）正常充电完成：当电池电压升高到一定值时，$R_8 \rightarrow R_{10} \rightarrow VT_3$（9013）导通 $\rightarrow$ 红灯不亮，正常充电结束，进入涓流充电状态。

（3）故障状态：当电池失效，R_8 与 VD_7 之间电压高于 8.8V 时导致 VD_9 稳压管工作，故障灯 Y（LED）黄灯亮。

（4）应急状态：当断电时，C_2 电容放电，导致 VT_1（9013）导通。$VT_1 \rightarrow R_4 \rightarrow VD_5$（4007）$\rightarrow R_7 \rightarrow$ 导致 VT_2 工作，最后导致 LED 照明负载点亮。

1.6.2　主要技术指标

（1）应急工作时间应不小于 90min。

（2）具有主电、充电、故障状态指示功能。

（3）具有过充电保护和充电回路短路保护功能。

（4）具有过放电保护功能。

（5）在主电电压为 187～242V 范围内，不应转入应急状态。

（6）金属壳体的绝缘电阻要求。

（7）金属壳体的抗电强度要求。

1.6.3　制作步骤和方法

（1）电路的元件检测。使用万用表检测其质量好坏，方法如下：

1）用万用表的 $R \times 100\Omega$ 挡或 $R \times 1k\Omega$ 挡，分别测量各二极管的正、反向电阻，判断二极管的极性，二极管好坏的判定。用万用表对二极管正反向各测一次，若测得其正向电阻很小（几千欧以下），反向电阻很大（几百千欧以上），表明二极管性能良好。

2）若测得二极管的反向电阻和正向电阻都很小，表明二极管短路，已损坏。

3）若测得二极管的反向电阻和正向电阻都很大，表明二极管断路，已损坏。

4）三极管好坏判断。万用表置 $R \times 100\Omega$ 挡或 $R \times 1k\Omega$ 挡，对三极管的集电极和发射极正反向各测一次，测得电阻均接近无穷大；再分别对基极—集电极、基极—发射极正反向各测一次，测得电阻均是一小一大，说明此三极管良好；否则，此三极管是坏的。

（2）电路的安装。读懂电路原理图，明确元件连接和电路连线。按图 1.3 安装、焊接好电路板。

（3）性能检测。

1）用示波器观察到整流、滤波及稳压波形。

2）测量出整流或滤波后的电压数值；为了照明光线的均匀性，将应急照明电路做成 2 块板，分布在底座的两边，每块应急照明板上均安装了 4 只白光 LED，其正向导通电压为 3V，正向工作电流范围为 10～30mA。

3）测量各输出点的直流电压直流电流和控制电压及应急工作时间；在本设计中共使用了 8 路白光 LED 电路，总的工作电流不能超过 200mA，即每个 LED 回路的工作电流不能超过 25mA，考虑到白光 LED 的正向导通电压为 3V，故选取限流电阻为 30Ω，以保证应急工作时间不小于 90min。

（4）完成消防应急灯电路功能检测和故障排除，调试消防应急灯应具有以下功能：

1）自动切换功能。断电发生时，在 2s 内自动切换备用电源，进入应急状态。市电恢复供电时，自动切换回充电状态。

2）恒流充电功能。充电时，红色和绿色指示灯亮，充满时，红色指示灯熄灭；绿色指示灯显示主电状态，市电正常接入即点亮。

3）故障检测功能。如电池保险丝断或接触不良，或内部控制电路不正常，内置的自检电路将自动点亮黄色指示灯。

4）过放电保护功能。电池电压放电到额定电压的80％时，电子开关立即切断放电回路，可确保电池的长寿命。电池容量300mAh/3.6V。

5）试验按钮功能。按下试验按钮等同于切断外部电源，用于模拟停电状态试验。

1.6.4　报告撰写

（1）讨论完成消防应急灯电路详细分析。

（2）测试消防应急灯的主要技术指标。

（3）写出消防应急灯实验中注意事项及制作心得与体会。

1.7　小结

（1）一般小功率直流电源由电源变压器、整流滤波电路和稳压电路等部分组成。

（2）整流电路的作用是利用二极管的单向导电性，将交流电压变成单方向的脉动直流电压，目前广泛采用整流桥构成桥式整流电路。为了消除脉动电压的纹波电压需采用滤波电路，单相小功率电源常采用电容滤波。

（3）三极管是一种电流控制器件，基极小电流可以控制集电极电流的变化，从而具有了电流放大（控制）的能力。根据两个电流的相对关系，三极管的工作状态可以分为截止、放大和饱和3个状态，三极管的输出特性曲线分为截止、放大、饱和和击穿4个区。

（4）场效应晶体管是电压控制型器件，利用栅源极电压控制漏极电流。与三极管相比，具有更高的输入电阻，更小的噪声，但反映电压控制电流能力的跨导小于三极管的电流放大系数。MOS管分为增强型和耗尽型两种。N沟道增强型MOS管，$u_{GS} > U_{GS(th)}$ 时才能产生漏极电流 i_D；耗尽型MOS管 $u_{GS} = 0$ 时已有漏极电流，而在 $u_{GS} < U_{GS(off)}$ 时 $i_D = 0$；场效应管的输出曲线分为3个区域：可变电阻区、恒流区和击穿区。用于放大时管子应工作在恒流区。

1.8　练学拓展

1. 如图1.12（a）所示，桥式整流电容滤波电路中，已知 $R_L = 50\Omega$，$C = 2200\mu F$，用电压表测得 $U_2 = 20V$。试分析输出电压 U_o 在下列几种情况下电路的工作状态，并说明原因：①28V；②24V；③18V；④9V。

2. 如图1.33所示的电路中，白炽灯 HL 的发光功率为100W，试填空回答下列问题：

（1）开关S接通B处时灯的功率为_____。

（2）开关S接通B处时，流过二极管的电流平均值 $I_{D(AV)}$ 为_____，二极管承受的反向电压最大值 U_{DRM} 为_____。

（3）可选用的二极管型号为_____，该管的参数 I_F 为_____，U_{RM} 为_____。

3. 在图 1.34 所示电路中，$R_L = 1k\Omega$，交流电压表 V_2 的读数为 20V，问直流电压表 V 和直流电流表 A 的读数各为多大？

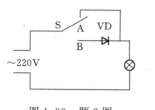

图 1.33 题 2 图   图 1.34 题 3 图

4. 填空题

（1）利用二极管的_____。将供电电网上提供的_____电压变换成一个单方向的电压，这就是_____过程。

（2）晶体三极管工作在放大状态时的外部供电条件，_____结正偏，_____结反偏。

（3）晶体三极管工作在截止状态时的外部供电条件，发射结_____偏。

（4）晶体三极管工作在饱和导通状态时的外部供电条件，发射结_____偏，集电结_____偏。

（5）在判别硅、锗晶体二极管时，当测出正向压降为_____时，则此二极管为锗二极管；当测出正向电压为_____时，则此二极管为硅二极管。

（6）PN 结具有_____性能，即加正向电压时，PN 结_____，加反向电压时 PN 结_____。当温度升高时，PN 结的反向电流会_____。

（7）用万用表欧姆挡测量二极管好坏时，测量的正反向阻值相差越_____越好。

（8）用万用表 $R \times 1k\Omega$ 挡测得某二极管的正反向电阻均为 0，说明此管_____。用指针式万用表识别晶体二极管的极性时，若测的是晶体管的正向电阻，那么，与标有红表笔相连接的是二极管_____极，黑表笔是_____极。

（9）有两只三极管，A 管的 $\beta = 200$，$I_{CEO} = 200\mu A$；B 管的 $\beta = 80$，$I_{CEO} = 10\mu A$，其他参数大致相同，一般应选用_____管。

（10）某三极管的发射极电流 $i_E = 1mA$，基极电流 $i_B = 20\mu A$，则其集电极电流 $i_C = $ _____，电流放大系数等于_____。

（11）放大电路的输出电阻小，向外输出信号时，自身损耗少，有利于提高_____能力。

（12）当 NPN 硅管处于放大状态时，在 3 个电位当中，以_____极电位最高，_____极电位最低，_____极与_____极的电位之差等于_____。

（13）设某晶体管处于放大状态，3 个电极的电位分别是 $U_E = 12V$、$U_B = 11.7V$、$U_C = 6V$。则该管的导电类型为_____型，用半导体材料_____制成。

（14）已知某三极管处于饱和状态，电极 1、2、3 的电位分别是 5.3V、5.6V、6V。则电极 1 是_____极，电极 2 是_____极，电极 3 是_____极。

（15）三极管具有电流放大作用的实质是利用_____电流实现对_____电流的控

制。三极管在电路中的 3 种基本连接方式分别是 _____、_____
和 _____。

（16）场效应管是通过改变 _____ 来改变漏极电流的，所以它是一个 _____
器件。

（17）正常工作的 NPN 型三极管各电极电位关系是 $U_C > U_B > U_E$，该管工作于
_____ 状态。

（18）正常工作的 PNP 型三极管各电极电位关系是 $U_C < U_B < U_E$，该管工作于
_____ 状态。

5. 选择题

（1）用指针式万用表欧姆挡测量发光二极管性能好坏时，应把欧姆挡拨到（　　）。

A. $R \times 1\Omega$ 挡　　　　B. $R \times 10k\Omega$ 挡　　　　C. $R \times 10\Omega$ 挡　　　　D. $R \times 1k\Omega$ 挡

（2）某晶体三极管的 $I_B = 10\mu A$ 时，$I_C = 0.44mA$，则它的电流放大系数 β 为（　　）。

A. 45　　　　　　B. 44　　　　　　C. 30　　　　　　D. 44.5

（3）在选取三极管时我们需要注意的极限参数有（　　）。

A. 集电极最大允许电流　　　　　　　B. 最高反向击穿电压

C. 集电极最大允许耗散功率　　　　　D. 电流放大系数 β

（4）二极管有两个电极，从 P 区引出的极为（　　），从 N 区引出的极为（　　）。

A. 负极；正极　　　B. 阴极；阳极　　　C. 正极；负极

（5）使一只锗材料的二极管处于导通状态，符合的条件有（　　）。

A. N 区接电源正极，P 区接电源负极，且 N 区电压高于 P 区电压 0.3V 以内

B. N 区接电源负极，P 区接电源正极，且 P 区电压高于 N 区电压 0.3V 以上

C. N 区接电源负极，P 区接电源正极，且 P 区与 N 区之间的电压在 0～0.2V 以内

（6）三极管的主要参数有（　　）。

A. ①集电极最大允许电流；②电流放大系数 β；③反向击穿电压；④集电极最大允许
耗散功率

B. ①基极；②发射极；③集电极；④管子型号

C. ①硅材料 NPN 型；②硅材料 PNP 型；③锗材料 NPN 型；④锗材料 PNP 型

（7）温度升高时，三极管的额电流放大倍数 β 将（　　），穿透电流 I_{CEO} 将（　　），
发射结电压 U_{BE} 将（　　）。

A. 变大　　　　　B. 不变　　　　　C. 变小

（8）已知放大电路中处于正常放大状态的某三极管的 3 个电极对地电位分别为 $U_E =
6V$，$U_B = 5.3V$，$U_C = 0V$，则该管为（　　）。

A. PNP 型锗管　　B. NPN 型锗管　　C. PNP 型硅管　　D. NPN 型硅管

（9）用直流电压表测得放大电路中某三极管电极 1、2、3 的电位分别是 $U_1 = 2V$，
$U_2 = 6V$，$U_3 = 2.7V$，则（　　）。

A. 1 为 E，2 为 B，3 为 C　　　　　　B. 1 为 E，2 为 C，3 为 B

C. 1 为 B，2 为 E，3 为 C　　　　　　D. 1 为 B，2 为 C，3 为 E

（10）某 NPN 硅管在电路中测得各电极对地电压分别为 $U_E = 3.3V$，$U_B = 4V$，$U_C =$

12V，则该三极管处于（　　）。

　　A. 截止状态　　　　B. 放大状态　　　　C. 饱和状态　　　　D. 已损坏

（11）场效应管自偏压电路中的电阻 R_G 的主要作用是（　　）。

　　A. 提供偏置电压

　　B. 提供偏置电流

　　C. 防止输入信号短路

　　D. 泄放栅极可能出现的感应电荷以防管子击穿

6. 判断题

（1）三极管饱和时，集电极电流不再随输入电流增大而增大。（　　）

（2）三极管使用中，当 $I_C > I_{CM}$ 时，三极管必然损坏。（　　）

（3）发射结处于正向偏置的三极管，一定工作在放大状态。（　　）

（4）晶体三极管由两个 PN 结组成，所以能用两个晶体二极管反向连接起来当作晶体三极管使用。（　　）

（5）I_{CBO} 的大小反映了集电结的好坏，I_{CBO} 越小越好。（　　）

7. 如图 1.35 所示各三极管的实测对地电压数据中，分析各管的情况：

（1）是 NPN 型还是 PNP 型？

（2）是锗管还是硅管？

（3）是处于放大、截止还是饱和中的哪一种？或是已经损坏（指出哪一个结已经开路或短路）？

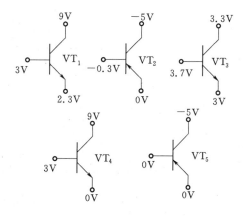

图 1.35　题 7 图

任务 2　简单充电器的制作与检测

2.1　任务目的

（1）熟悉万用表、示波器等仪器的使用。

（2）加深直流稳压电源工作原理的理解，掌握电路元器件的选择及检测方法。

（3）学会印制电路板手工制作工艺。

（4）了解电子产品的生产过程及工艺。

（5）熟悉三端可调输出稳压器的型号、参数及其应用。

（6）掌握直流稳压电源的调整与测试方法。

2.2　电路设计与分析

简单充电器主要由集成稳压器组成，能实现普通电子产品电压可调、恒流充电。图2.1是其实物图和电路图。

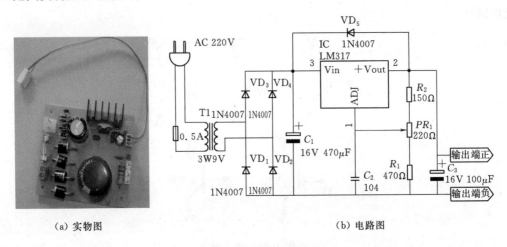

（a）实物图　　　　　　　　　　　　（b）电路图

图 2.1　小型稳压电源

电路分析如图 2.1 所示。220V 的交流电从插头经保险管送到变压器的初级线圈，并从次级线圈感应出约 9V 的交流电压送到由 4 个二极管组成的桥式整流电路，经过整流把交流电变换成脉动直流电（即电压方向保持不变，但大小时刻在变），经过 C_1 滤波后得到比较稳定的直流电送到三端稳压集成电路 LM317 的 Vin 端（3 脚）。

LM317 具有这样的特性：由 Vin 端给它提供工作电压以后，它便可以保持其＋Vout 端（2 脚）比其 ADJ 端（1 脚）的电压高 1.25V。因此，只需要用极小的电流来调整 ADJ 端的电压，便可在＋Vout 端得到比较大的电流输出，并且电压比 ADJ 端高出恒定的 1.25V。同时，还可以通过调整 PR_1 的抽头位置来改变输出电压：当抽头向上滑动时，输出电压将会升高。

图 2.1 中，C_2 的作用是对 LM317 的 1 脚的电压进行小小的滤波，以提高输出电压的质量。VD_5 的作用是当有意外情况使得 LM317 的 3 脚电压比 2 脚电压还低的时候防止从 C_3 上有电流倒灌入 LM317 引起其损坏。

2.3　相关理论知识

2.3.1　集成稳压器电路

常用的线性集成稳压器，通常为三端式稳压器。它有两种形式：一种是输出为固定的固定式三端稳压器；另一种为可调输出的三端稳压器。其基本原理均为串联型稳压电路。

2.3.1.1　三端固定输出集成稳压器

三端固定输出集成稳压器通用产品有 CW7800 系列（正电源）和 CW7900 系列（负电源）。型号的意义为：①78 或 79 后面所加的字母表示额定输出电流。如 L 表示 0.1A，M 表示 0.5A，无字母表示 1.5A；②最后的两位数字表示额定电压，如 CW7805 表示输出电压为 +5V，额定电流为 1.5A。其外形、封装形式和管脚排列如图 2.2 所示。

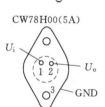

图 2.2　三端固定稳压输出集成
稳压器外形、封装形式和管脚排列

1. 基本应用电路

7800 系列的基本应用电路，如图 2.3 所示。该电路的输出电压为 12V，最大输出电流为 1.5A。

为使电路能正常工作，对各元器件有如下要求：①输入端电压 U_i 应比输出端电压至少大 2.5~3V；②电容器 C_1，一般取 0.1~1μF。其作用是抵消长接线时的电感效应，防止自激振荡，抑制电源侧的高频脉冲干扰；③输出端电容 C_2、C_3，可改善负载的瞬态响应，具有消除高频噪声及振荡的作用；④VD 为保护二极管，用来防止在输入端短路时大电容 C_3 通过稳压器放电而损坏。

2. 提高输出电压的电路

如图 2.4 所示改变 R_2 与 R_1 比值的大小，就可改变输出电压的大小。其缺点是：若输入电压发生变化，I_Q 也要变化，将影响稳压器的精度。

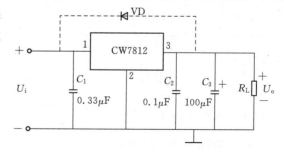

图 2.3　CW7800 基本应用电路

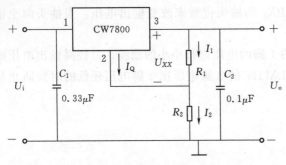

图 2.4　提高输出电压的电路

3. 输出正、负电压的电路

如图 2.5 所示为采用 CW7815 和 CW7915 两块三端稳压器所组成的，可同时输出 +15V、-15V 电压的稳压电路。

2.3.1.2　三端可调输出集成稳压器

与 CW78×× 和 CW79×× 系列相比，三端可调输出集成稳压器的公共端的电流非常小，因此可以很方便地组成精密可调的稳压电源，应用更为灵活。其典型产品有：具有正电压输出 CW117/CW217/CW317 系列和具有负电压输出的 CW137/CW237/CW337 系列。其额定电流的标示，和 CW78××、CW79×× 系列一样，也是在序列号后用字母标注。其直插式塑封管脚排列，如图 2.6 所示。

三端可调输出集成稳压器的基本应用电路，如图 2.7 所示。为防止输入端发生短路时，C_4 向稳压器反向放电而损坏，故在稳压器两端反向并联一只二极管 VD_1。VD_2 则是为防止因输出端发生短路 C_2 向调整端放电可能损坏稳压器而设置的。C_2 可减小输出电压的纹波电压。R_1、R_P 构成取样电路，可通过调节 R_P 来改变输出电压的大小。

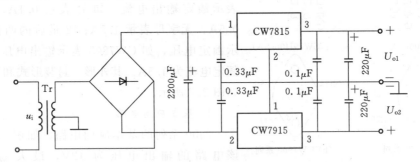

图 2.5　正、负电压同时输出的电路

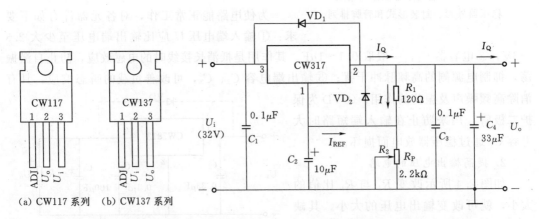

（a）CW117 系列　（b）CW137 系列

图 2.6　三端可调输出集成稳压器
　　　　外形及管脚排列

图 2.7　三端可调输出集成稳压器基本应用电路

该电路输出电压的大小可表示为

$$U_o = \frac{U_{REF}}{R_1}(R_1 + R_2) + I_{REF}R_2$$

由于基准电流 $I_{REF} \approx 50\mu A$，可以忽略，基准电压 $U_{REF} = 1.25V$，所以

$$U_o \approx 1.25 \times \left(1 + \frac{R_2}{R_1}\right)$$

可见，当 $R_2 = 0$ 时，$U_o = 1.25V$；当 $R_2 = 2.2k\Omega$ 时，$U_o \approx 24V$。

为保证电路在负载开路时能正常工作，R_1 的选取很重要。由于元件参数具有一定的分散性，实际运用中可选取静态工作电流 $I_Q = 10mA$，于是 R_1 可确定为

$$R_1 = \frac{U_{REF}}{I_Q} = \frac{1.25}{10 \times 10^{-3}} = 125(\Omega)$$

取标称值为 120Ω。若 R_1 的取值太大，会使输出电压偏高。

* 2.3.2　串联型稳压电路的工作原理

串联型稳压电路由取样电路、基准电路、比较放大电路和调整管组成。因调整元件与负载是串联关系，故称为串联型稳压电路。

如图 2.8 所示，图中 VT 为调整管，它工作在线性放大区；R_3 和稳压管 VD 构成基准电压源电路，为放大器 A 提供比较用的基准电压；R_1、R_2、R_P 组成取样电路；放大器 A 对取样电压和基准电压的差值进行放大。

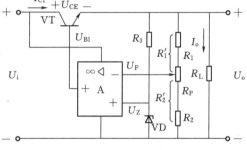

图 2.8　串联型稳压电路

稳压原理分析：若负载变化使输出电路 $U_o \downarrow \longrightarrow$ 放大器的净输入电压 $\Delta U \downarrow \longrightarrow$ 调整管的基极电压 $U_{B1} \uparrow \longrightarrow I_{B1} \uparrow \longrightarrow I_{C1} \uparrow \longrightarrow$ 管压降 $U_{CE} \downarrow \longrightarrow U_o \uparrow$。

若负载变化使输出电压增大，其调整的过程与之相反。

2.4　直流充电稳压电源的制作与调试

市面上适用于两节电池（3V）的充电器比较多，但是很多质量都不是很理想，所以我们很有必要亲自动手做一个。三端集成稳压电源具有稳压精度高、工作稳定可靠、外围电路简单、体积小、重量轻等显著优点，但它的最低稳压值为 5V，不适合直接作为充电电源，只要稍微添加几个元件，就适合作为充电的电源了。具体电路如图 2.7 所示。

2.4.1　制作器材

双踪示波器、万用表、电烙铁、电路板制作工具等。

2.4.2　制作过程

1. 选择元件

大部分元件的选择都有弹性。IC 选用 LM317T 或与其功能相同的其他型号（如

KA317 等）。变压器可以选择一般常见的 9～12V 的小型变压器，二极管选 1N4001～1N4007 均可。C_1 选择耐压大于 16V、容量 470～2200μF 的电解电容均可。值得注意的是 C_2 的容量表示法：前两位数表示容量的两位有效数字，第三位表示倍率。如果第三位数字为 N，则它的容量为前两位数字乘以 10 的 n 次方，单位为 pF。如 C_2 的容量为 10×10^4 ＝100000pF＝0.1μF。C_2 选用普通的磁片电容即可。C_3 的选择类似于 C_1。电阻选用 1/8W 的小型电阻。

本制作需要的主要元件清单见表 2.1。

表 2.1   元 件 清 单

编号	名称	型号	数量	LM317 外形图
$VD_1 \sim VD_5$	二极管	1N4007	5	
T_1	变压器	3W/9V	1	
C_1	电解电容	25V/470μF	1	
C_2	电解电容	0.1μF	1	
C_3	电解电容	16V/100μF	1	
IC	三端稳压集成电路	LM317	1	
R_1	电阻	470Ω	1	
R_2	电阻	150Ω	1	
PR_1	可调电阻	200Ω	1	
	保险管	0.5A	1	

2. 制作印制电路板（PCB）

利用 Protel DXP 软件绘制原理图和 PCB 图。要求使用单面覆铜板。尺寸为：90mm×50mm，参考图如图 2.9 所示，用热转印法制作出 PCB 板。

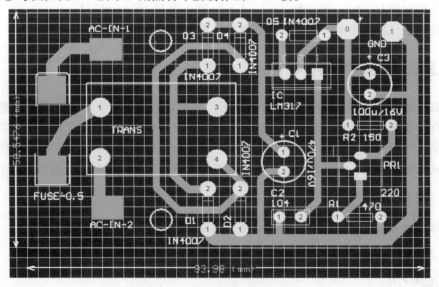

图 2.9　稳压电源 PCB 图

热转印法主要采用了热转移的原理。利用激光打印机的"碳粉"（含黑色塑料微粒）受激光打印机的硒鼓静电吸引，在硒鼓上排列出精度极高的图形及文字，在消除静电后，转移于经过特殊处理的专用热转印纸上，并经高温熔化热压固定，形成热转印纸版，再将该热转印纸覆盖在敷铜板上，由于热转印纸是经过特殊处理的，通过高分子技术在它的表面覆盖了数层特殊材料的涂层，使热转印纸具有耐高温不粘连的特性，当温度达到180.5℃时，在高温和压力的作用下，热转印纸对融化的墨粉吸附力急剧下降，使融化的墨粉完全吸附在敷铜板上，敷铜板冷却后，形成紧固的有图形的保护层，经过腐蚀后即可形成做工精美的印制电路板。

　　3. 安装焊接调试电路

　　装配时要注意的是二极管的极性，LM317 因工作电流较小，可以不加散热片。装好后再检查一遍，无误后接通电源。这时用万用表测量 C_1 两端，应有 11V 左右的电压，再测 C_3 两端，应有 2～7V 的电压。再调节 R_{P1}，C_3 两端的电压应该能够改变，调到你所需要的电压即可。输出端可以接一根十字插头线，以便与用电器相连。

　　4. 扩展应用

　　LM317 的输出电压可以从 1.25V 连续调节到 37V。其输出电压可以由下式算出：

　　输出电压＝1.25×(1＋ADJ 端到地的电阻/ADJ 端到＋Vout 端的电阻)。

　　如果你需要其他的电压值，即可自选改变有关电阻的阻值来得到。值得注意的是，LM317T 有一个最小负载电流的问题，即只有负载电流超过某一值时，它才能起到稳压的作用。这个电流随器件的生产厂家不同在 3～8mA。这个可以通过在负载端接一个合适的电阻来解决。

2.4.3　报告撰写

　　(1) 整理实验数据，写出完整的报告撰写。

　　(2) 思考扩展应用中提出的问题。

2.5　小结

　　(1) 直流稳压电源是电子设备中的重要组成部分，用来将交流电网电压变成稳定的直流电压。一般小功率直流电源由电源变压器、整流滤波电路和稳压电路等部分组成。

　　(2) 整流电路的作用是利用二极管的单向导电性，将交流电压变成单方向的脉动直流电压，目前广泛采用整流桥构成桥式整流电路。为了消除脉动电压的纹波电压需采用滤波电路，单相小功率电源常采用电容滤波。

　　(3) 稳压电路用来在交流电源电压波动或负载变化时，稳定直流输出电压。目前广泛采用集成稳压器，在小功率供电系统中多采用线性集成稳压器，而中、大功率稳压电源一般采用开关稳压器。

　　(4) 线性集成稳压器中调整管与负载相串联，且工作在线性放大状态，它由调整管、基准电压、取样电路、比较放大电路以及保护电路等组成。

　　(5) 通过制作直流稳压电源，一方面通过电子元器件的选择、让我们学会并熟练使用万用表来检测电子元器件的质量好坏；另一方面通过安装、焊接和调试电路，让我们了解电子产品的生产过程及制作工艺。

2.6 练学拓展

1. 填空题

(1) 可调试串联型稳压电路由_____、_____、_____、_____4个部分组成。调整管常处于_____工作状态。

(2) 三端固定式集成稳压器的3个端子分别是_____、_____、_____。三端可调式集成稳压器的3个端子分别是_____、_____、_____。

(3) 三端集成稳压器 CW7805 的输出电压是_____，最大输出电流是_____；CW7912 的输出电压是_____，最大输出电流是_____。

2. 判断题

(1) 三端集成稳压器的共同特点是调整管工作在线性放大区，故又称为线性集成稳压器。（   ）

(2) CW7900 系列三端固定电压输出集成稳压器，输出正电压。（   ）

(3) 线性稳压电源主要表现为：功耗大、效率低、可靠性和稳定性差，并且还存在一个体积大且又笨重的工频变压器。（   ）

3. 多选题

(1) 三端可调式集成稳压器 CW317 有三个引脚，其功能分别是 （   ）。

A. 调整端   B. 公共端   C. 输入端   D. 输出端

(2) 在开关电源的交流输入电路中采取的过流保护措施有 （   ）。

A. 稳压二极管   B. 压敏电阻   C. 熔断丝

(3) 三端可调式集成稳压器 CW317 有三个引脚，其功能分别是 （   ）。

A. 调整端、输入端、输出端

B. 公共端、输入端、输出端

C. 输入端、公共端、输出端

(4) 稳压管稳压电路，根据稳压器件与负载连接的方式来分可分为 （   ）。

A. 自激式电路和它激式电路

B. 线性稳压电源和开关稳压电源

C. 并联稳压电路和串联稳压电路

4. 简答线性集成稳压电源的优缺点。

5. 分析题

(1) 图 2.10 是可调式串联型稳压电源电路图。请认真分析后，将图划分成 6 个部分，要求写出各部分的名称和每个部分所包含的元件（序号）。

(2) 利用三端稳压器构成能输出 ±9V 的稳压电流，试画出原理图。

(3) 电路如图 2.11 所示。已知电流 $I_Q = 5\text{mA}$，试求输出电压 U_o。

(4) 直流稳压电路如图 2.12 所示。试求输出电压 U_o 的大小。

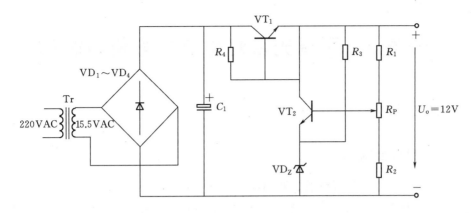

图 2.10　题 5 (1) 图

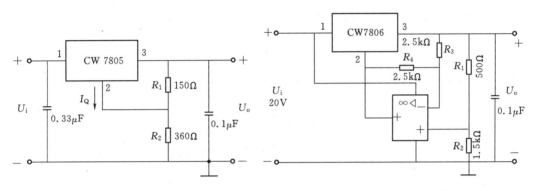

图 2.11　题 5 (3) 图　　　　　　　　　　图 2.12　题 5 (4) 图

(5) 如图 2.13 所示串联反馈式稳压电源，稳压管的稳定电压 $u_Z=6V$，$R_1=R_2=1k\Omega$。

1) 说明各元件的作用，阐述其稳压原理。

2) 当电位器 R_w 的动端位于中点时，求 u_o。

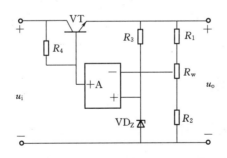

图 2.13　题 5 (5) 图

*任务3 可调光台灯电路的分析与制作

3.1 任务目的

3.1.1 能力目标要求

（1）熟悉晶闸管、单结晶体管、双向触发二极管的外形、特性及检测方法。

（2）熟悉晶闸管可控整流电路及其触发电路的结构，掌握电路中各关键点的电压及波形测试方法。

（3）能够比较熟练地制作及调试典型的晶闸管可控整流电路。

3.1.2 知识目标要求

（1）了解晶闸管、单结晶体管、双向触发二极管的结构、符号、工作原理和特性参数。

（2）熟悉单相可控整流电路的电路组成、工作原理，掌握控制角、导通角的含义。

（3）掌握单结晶体管的负阻特性，熟悉单结晶体管的电路组成及工作原理。

（4）了解双向晶闸管、双向触发二极管的特性。

3.2 制作器材

3CT101 型双向晶闸管、2CTS 型双向触发二极管、电容（$0.22\mu F/160V$）、电阻（$68k\Omega$、$1.5k\Omega$、$47k\Omega$）、电位器（$470k\Omega$）、白炽灯（25W/220V）、BT33 型单结晶体管（仅用于检测）、3CT3A 型单向晶闸管（仅用于检测）、示波器、万用表、电子制作工具。

3.3 制作步骤和方法

3.3.1 单结晶体管的简易测试

用万用表的 $R\times10\Omega$ 挡分别测量单结晶体管 EB_1、EB_2 间的正、反向电阻，把结果填入表 3.1 中。

表 3.1 单结晶体管的测试

R_{EB1}	R_{EB2}	R_{BE1}	R_{BE2}	结论

3.3.2　晶闸管的简易测试

用万用表的 $R \times 1k\Omega$ 挡分别测量晶闸管 A—K、A—G 之间的正、反向电阻；用 $R \times 10\Omega$ 挡测量 G—K 间的正、反向电阻，把结果填入表 3.2 中。

表 3.2　　　　　　　　　　　　　　晶 闸 管 的 测 试

R_{AK}	R_{KA}	R_{AG}	R_{GA}	R_{GK}	R_{KG}	结论

3.3.3　制作调光台灯

本次实训是制作一个调光台灯电路，电路如图 3.1（b）所示。首先按照电路原理图制作好电路板，接通电源，当调节电位器 R_P 时，白炽灯的亮度会逐渐变化。用万用表测量白炽灯两端的电压，当调节电位器时，可以看到电压从零开始变大。

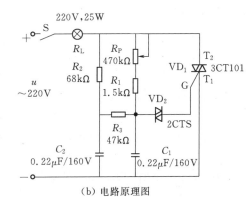

（a）电路实物图　　　　　　　　　　　（b）电路原理图

图 3.1　调光台灯电路

这个调光台灯电路是一个晶闸管调压电路，其触发电路由两节 RC 移相网络及双向触发二极管 VD_2 组成。当电源电压 u 为上正下负时，电源电压通过 R_P 和 R_1 向 C_1 充电，当电容 C_1 上的电压达到双向二极管 VD_2 的正向转折电压时，VD_2 突然转折导通，给双向晶闸管 VD_1 的控制极一个正向触发脉冲，VD_1 由 T_2 向 T_1 方向导通，负载 R_L 上得到相应的正半波交流电压。

在电源电压过零瞬间，晶闸管电流小于维持电流而自动关断。当电源电压 u 为上负下正时，电源对 C_1 反向充电，C_1 上的电压为下正上负，当 C_1 上的电压达到双向二极管 VD_1 的反向转折电压时，VD_1 导通，给双向晶闸管的控制极一个反向触发脉冲，晶闸管由 T_1 向 T_2 方向导通，负载 R_L 上得到相应的负半波交流电压。

输出电压的调节是通过改变电位器 R_P 的阻值，从而改变电容 C_1 充放电的时间常数，改变了触发脉冲出现的时刻，使双向晶闸管的导通角 θ 受到控制，达到交流调压的目的。电路还设置了 $R_2 C_2$ 移相网络，它与 R_P、R_1、C_1 一起构成两节移相网络，这样移相范围可接近 $180°$，使负载电压可从 $0V$ 开始调起，即灯光可从全暗逐渐调亮。

实验时，调节电位器 R_P，使白炽灯由暗到中等亮，再到最亮，用示波器观察晶闸管各电极及负载两端的电压波形，并测量电位器 R_P 的阻值、负载电压 U_L 及工频电压 U 的有效值等数据，把结果记入表 3.3 中。

表 3.3		调 光 电 路 测 试 表	
参数	暗	中等亮	最亮
工频电压 U			
负载电压 U_L			
导通角 θ			
R_P 的阻值			
R_L 的波形			
U_G 的波形			
U_{K1K2} 的波形			

3.4　报告撰写

（1）总结晶闸管、单结晶体管、双向触发二极管的检测方法及注意事项。

（2）画出实验中记录的波形（注意各波形间的对应关系），并进行讨论。

（3）总结晶闸管导通及关断的基本条件。

（4）分析晶闸管调光台灯电路的工作原理。

（5）分析实验中出现的异常现象及解决方法。

3.5　相关理论知识——晶闸管

电力电子技术是对电能进行变换及控制的一种现代控制技术，它使电网的工频电能最终转换成不同性质、不同用途的电能，以适应千变万化的用电装置的不同需求。电力电子技术的发展是以电力电子器件为物质基础的，1956 年第一只晶闸管诞生，标志着电力电子技术的发展进入了一个崭新的阶段。

晶闸管的全称为晶体闸流管，又称可控硅，简称 SCR，能利用其整流可控特性方便地对大功率电源进行控制和变换。晶闸管具有体积小、重量轻、耐压高、容量大、效率高、维护简单、控制灵敏、寿命长等优点，能在高电压、大电流的条件下工作，在电力电子技术中得到广泛的应用。晶闸管的主要缺点是控制电路比较复杂，抗干扰能力和过载能力比较差等。

晶闸管的种类很多，主要包括普通晶闸管、双向晶闸管、快速晶闸管、可关断晶闸管、光控晶闸管和逆导晶闸管等，并且随着电子技术的不断发展，向着大容量、高频率、易驱动、低导通压降、模块化和集成化方向发展。晶闸管的主要用途有：

（1）可控整流。把交流电变换为大小可调的直流电称为可控整流。例如，直流电动机调压调速、电解、电镀电源等均可采用可控整流供电。

（2）有源逆变。有源逆变是指把直流电变换成与电网同频率的交流电，并将电能返送给交流电源。

（3）交流调压。交流调压是指利用晶闸管的开关特性对交流电压的大小进行无级调节，从而可以实现灯光亮度、设备温度、功率大小的连续控制。

（4）变频器。把某一频率的交流电变换成另一频率的交流电的设备称为变频器。例如，晶闸管中频电源、停电电源（UPS）、异步电动机变频调速中均含有变频器。

（5）无触点功率开关。利用晶闸管元件组成的固态开关，具有无触点、无噪声、无火花、功率大、开关频率高等优点，在工业上可代替接触器、继电器等器件。

（6）直流斩波调压。利用晶闸管作直流开关，控制晶闸管的通断比，可以实现直流能量输出的控制。

3.5.1　晶闸管的结构、特性和分类

3.5.1.1　晶闸管的结构

晶闸管是在晶体管的基础上发展起来的一种大功率半导体器件，它是由 P 型和 N 型半导体交替迭合而成的 P－N－P－N 4 层半导体元件，具有 3 个 PN 结和 3 个电极。晶闸管有 3 个电极：阳极 A、阴极 K 和控制极 G（也称为门极），最外的 P_1 层引出的电极为阳极 A，最外的 N_2 层引出的电极为阴极 K，由中间的 P_2 层引出的电极为控制极 G。

晶闸管按其容量可分为大功率管、中功率管和小功率管，一般认为电流容量大于 50A 为大功率管，电流容量在 5A 以下的为小功率管。小功率晶闸管的触发电压为 1V 左右，触发电流为零点几毫安到几毫安，中功率以上的晶闸管触发电压为几伏到几十伏，触发电流为几十毫安到几百毫安。按其控制特性，晶闸管又可分为单向晶闸管和双向晶闸管。

由于晶闸管的额定功率不同，所以其封装形式也不同。小功率晶闸管一般采用塑料封装，大功率晶闸管一般采用螺栓式和平板式。平板式晶闸管又分为风冷平板式和水冷平板式两种，螺栓式晶闸管的阳极是紧拴在铝制散热器上的，而平板式晶闸管则用两个彼此绝缘而形状相同的散热器把阳极与阴极紧紧夹住。晶闸管的内部结构、符号及外形如图 3.2 所示。

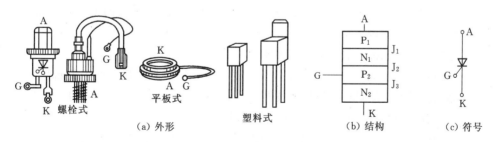

图 3.2　晶闸管的内部结构、符号及外形

为了说明晶闸管的工作原理，常把晶闸管看成由一个 PNP 型晶体管 T_1 和一个 NPN 型晶体管 T_2 两个晶体管连接而成，阴极 K 相当于 T_2 的发射极，阳极 A 相当于 T_1 的发射极，中间的 P_2 层和 N_1 层为两管共用，第一个晶体管的集电极与另一个晶体管的基极相连接，如图 3.3 所示。

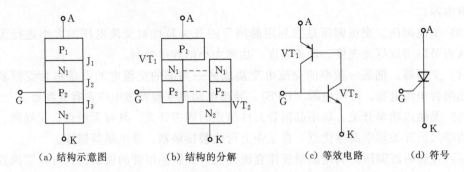

|(a) 结构示意图|(b) 结构的分解|(c) 等效电路|(d) 符号|

图 3.3　晶闸管的结构、等效电路和符号

3.5.1.2　晶闸管的特性

为了了解晶闸管的特性，首先看一个晶闸管的演示实验，实验电路图如图 3.4 所示。电路中晶闸管的阳极与阴极之间与灯泡、开关 K_1 电源 V_{CC1}、限流电阻串联，当晶闸管阳极与阴极之间导通时，灯泡就会亮。晶闸管控制极与阴极之间与限流电阻、开关 K_2、控制电源（触发信号）V_{CC2} 串联，当开关 K_2 闭合时，就会有触发信号加到晶闸管控制极与阴极之间。

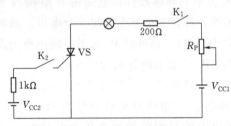

图 3.4　晶闸管特性的实验电路图

把灯泡的电源开关 K_1 闭合，实验的操作过程及现象如下：

（1）当开关 K_2 断开，灯泡不亮，说明晶闸管的阳极与阴极之间没有导通，这种情况称为正向阻断。

（2）当开关 K_2 闭合，给晶闸管控制极与阴极之间加上一个控制信号，这时灯泡亮，说明晶闸管的阳极与阴极之间导通，这种情况称为触发导通。

（3）灯泡亮后，将开关 K_2 断开，这时灯泡仍亮，这种情况称为维持导通。

（4）调节电位器 R_P，使电路的电阻逐渐加大，电流逐渐减小，这时灯泡亮度变暗，直到熄灭。

（5）当改变电源 V_{CC1} 的方向，使晶闸管阳极与阴极之间承受反向电压，无论开关 K_2 是断开还是闭合，灯泡都不会亮。

从实验中可以看出晶闸管的主要特性是：

（1）晶闸管承受反向电压时，不论门极承受何种电压，晶闸管总处于关断状态。

（2）晶闸管导通必须同时具备两个条件：①承受正向阳极电压；②承受正向门极电压。

（3）晶闸管一旦导通，门极便失去控制作用。

（4）晶闸管导通后，当减小电源电压或增大电路的电阻，使流过晶闸管的电流减小到某一数值时，晶闸管便会关断，这种维持晶闸管导通的最小电流称为维持电流。

晶闸管可以理解为一个受控制的二极管，它具有单向导电性。不同之处是要使晶闸管导通，除了应在阳极与阴极之间施加正向电压外，还要给控制极加上一个足够大的正向控制电压。晶闸管一旦导通，控制极就失去了控制作用，控制电压即使取消，也不会影响其正向导通的工作状态。

3.5.1.3　晶闸管的伏安特性

晶闸管的导通和阻断这两个工作状态是由阳极电压 U_{AK}、阳极电流 I_A 及控制极电流 I_G 决定的，这几个量之间又是互相有联系的，在实际应用时常用实验曲线来表示它们之间的关系。晶闸管的伏安特性是指晶闸管阳极电压 U_{AK} 与阳极电流 I_A 之间的关系，即

$$i = f(u)\big|_{I_G} \tag{3.1}$$

晶闸管的伏安特性如图 3.5 所示，下面分别讨论其正向特性和反向特性。

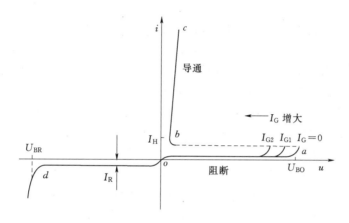

图 3.5　晶闸管的伏安特性

1. 正向特性

（1）正向阻断状态。如果控制极不加信号，即 $I_G = 0$，阳极加正向电压 U_{AK}，此时晶闸管呈现很大电阻，只有微弱的电流，处于正向阻断状态，如图 3.5 中的 oa 段。

（2）负阻状态。当正向阳极电压 U_{AK} 增加到某一个值后，J_2 结发生击穿，正向导通电压迅速下降，出现了负阻特性，见曲线 AB 段。此时的正向阳极电压称为正向转折电压，用 U_{BO} 表示。在晶闸管阳极与阴极之间加上正向电压的同时，门极所加的触发电流 I_G 越大，晶闸管由阻断状态转为导通状态所需的正向转折电压就越小，伏安特性曲线向左移。这种不是由控制极控制的导通称为误导通，晶闸管使用中应避免误导通的产生，因为多次的误导通会损坏晶闸管。

（3）触发导通状态。如果控制极加上触发信号，阳极加正向电压 U_{AK}，晶闸管导通后的正向特性如图 3.5 中 bc 段，与二极管的正向特性相似，即通过晶闸管的电流很大，导通压降很小，约为 1V。

2. 反向特性

（1）反向阻断状态。当晶闸管加反向电压后，处于反向阻断状态，与二极管的反向特性相似，如图 3.5 中 od 段。

（2）反向击穿状态。当反向电压增大到某一个值时，PN 结被击穿，反向电流急剧增加，晶闸管会造成永久性的损坏。

3.5.1.4 晶闸管的主要参数

要正确使用晶闸管，除要了解晶闸管的特性、工作原理外，还要掌握晶闸管的参数，以便更好地对晶闸管进行选择。下面介绍晶闸管的几个主要参数：

(1) 正向平均电流 I_F。在环境温度小于 40℃ 和标准散热条件下，允许连续通过晶闸管阳极的工频正弦半波电流的平均值，称为正向平均电流 I_F。通常所说多少安的晶闸管就是指这个电流，有时也称额定通态平均电流。在使用时，对于全导通的晶闸管，流过管子电流的有效值 I_t 应不超过正向平均电流 I_F 的 1.57 倍。实际中晶闸管的过电流能力较差，选择晶闸管时要留有一定的安全余量，一般情况下取

$$I_F = (1.5 \sim 2)\frac{I_t}{1.57} \tag{3.2}$$

(2) 维持电流 I_H。在规定的环境温度和门极断开的情况下，维持晶闸管继续导通所需要的最小阳极电流称为维持电流。当晶闸管的阳极电流小于维持电流时，晶闸管关断。

(3) 正向阻断峰值电压 U_{DRM}。在门极断开和晶闸管正向阻断的情况下，允许重复加到晶闸管阳极与阴极之间的正向峰值电压，称为正向阻断峰值电压。

(4) 反向阻断峰值电压 U_{RRM}。在门极断开和晶闸管反向阻断的情况下，允许重复加到晶闸管阳极与阴极之间的反向峰值电压，称为反向阻断峰值电压。

(5) 额定电压 U_D。一般把 U_{DRM} 和 U_{RRM} 中较小的数值作为晶闸管的额定电压 U_D。在实际应用中，由于晶闸管的过电压、过电流能力比较差，所以在选择晶闸管额定电压值时，应考虑 2~3 倍的安全裕量。

(6) 通态平均电压 $U_{T(AV)}$。在规定的环境温度和标准的散热条件下，晶闸管通过额定电流时，阳极与阴极之间管压降的平均值称为通态平均电压。

(7) 控制极触发电压 U_{GT}。在室温下，晶闸管的阳极与阴极之间加 6V 电压时，使晶闸管从截止变为导通所需的最小控制极直流电压，称为控制极触发电压 U_{GT}。

(8) 控制极触发电流 I_{GT}。在室温下，晶闸管的阳极与阴极之间加 6V 电压时，使晶闸管从截止变为导通所需的最小控制极直流电流，称为控制极触发电流 I_{GT}。

3.5.1.5 晶闸管的型号

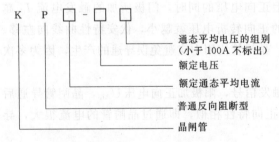

图 3.6　KP 系列晶闸管型号的含义

国产晶闸管的型号有两种表示方法，即 KP 系列和 3CT 系列。KP 系列型号的含义如图 3.6 所示。

其通态平均电压分为 9 级，用 A～I 各字母表示 0.4～1.2V 的范围，每隔 0.1V 为一级。

额定通态平均电流的系列为 1A、5A、10A、20A、30A、50A、100A、200A、300A、400A、500A、600A、900A、1000A 等 14 种规格。

额定电压在 1kV 以下的，每 100V 为一级；1kV 到 3kV 的每 200V 为一级，用百位数或千位数及百位数组合表示级数。

例如，KP200 - 9B 表示普通型晶闸管，额定电流为 200A，额定电压为 9 级，即 900V，通态平均电压为 B 级，即 0.5V。

3.5.1.6 双向晶闸管及双向触发二极管简介

1. 双向晶闸管

双向晶闸管是在普通晶闸管的基础上发展起来的，它不仅能代替两只反极性并联的晶闸管，而且仅用一个触发电路，是目前比较理想的交流开关器件。

双向晶闸管和普通晶闸管一样，有塑料封装型、螺栓型和平板压接型等几种不同的结构。塑料封装型元件的电流容量只有几安培，螺栓式电流容量为几十安培，大功率双向晶闸管都是平板压接型结构，双向晶闸管的外形如图 3.7 所示。

双向晶闸管的结构及符号如图 3.8 所示。双向晶闸管是一个 NPNPN 5 层器件，引出 T_1、T_2、G 3 个电极，T_1、T_2 统称为主端子，G 为控制极。双向晶闸管主端子在不同极性下都具有导通和阻断能力，控制极电压相对于主端子 T_1 无论是正还是负都有可能控制双向晶闸管导通，这个特点是普通晶闸管所没有的。其触发方式有以下 4 种：

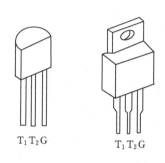

图 3.7 小功率双向晶闸管外形图

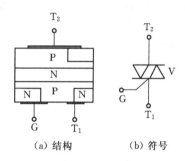

图 3.8 双向晶闸管结构与符号

(1) Ⅰ＋触发方式：特性曲线在第Ⅰ象限，T_2 为正，T_1 为负，G 对 T_1 为正。

(2) Ⅰ－触发方式：特性曲线在第Ⅰ象限，T_2 为正，T_1 为负，G 对 T_1 为负。

(3) Ⅲ＋触发方式：特性曲线在第Ⅲ象限，T_2 为负，T_1 为正，G 对 T_1 为正。

(4) Ⅲ－触发方式：特性曲线在第Ⅲ象限，T_2 为负，T_1 为正，G 对 T_1 为负。

由于双向晶闸管内部结构的原因，上面 4 种触发方式的灵敏度各不相同，其中 Ⅲ＋触发方式所需的门极功率相当大，在实际应用中一般选择Ⅰ＋、Ⅰ－、Ⅲ－的组合。

2. 双向触发二极管

双向触发二极管也称为二端交流器件，与双向晶闸管同时问世。由于它结构简单、价格低廉，所以常用来触发双向晶闸管，也可构成电压保护电路、定时器、移相电路等。双向触发二极管的构造、符号及等效电路如图 3.9 所示。

双向触发二极管属于三层构造、具有对称性的二端半导体器件，等效于基极开路、发射极与集电极对称的 NPN

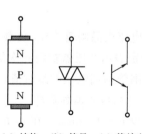

(a) 结构 (b) 符号 (c) 等效电路

图 3.9 双向触发二极管

晶体管，其正、反向伏安特性完全对称。当触发二极管两端的电压 U 小于正向转折电压 U_{bo} 时，呈高阻态，当 $U > U_{bo}$ 时进入负阻区。同样，当 U 超过反向转折电压 U_{br} 时，管子也能进入负阻区。双向触发二极管的耐压值（U_{bo}）大致分 3 个等级：$20 \sim 60V$、$100 \sim 150V$、$200 \sim 250V$。

3.5.2　可控整流电路

在日常的生产和生活中，很多电气设备需要大小可调的直流电源，如电解、电镀、电焊、电动机的调速、同步电机的励磁、大功率的直流稳压电源等。把交流电变成直流电的过程叫整流，由晶闸管组成的可控整流电路可以把交流电变成大小可控的直流电，达到直流电源输出电压可调的目的。下面介绍几种典型的单相可控整流电路。

3.5.2.1　单相半波可控整流电路

1. 电路组成

用晶闸管代替单相半波整流电路中的二极管就构成了单相半波可控整流电路，电路图和波形图如图 3.10 所示。

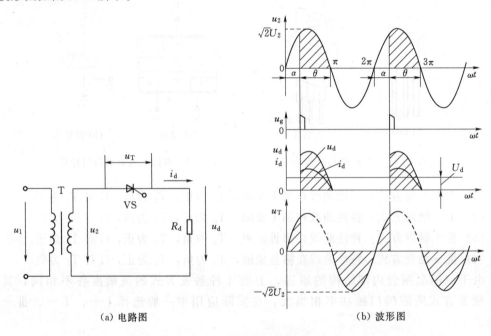

（a）电路图　　　　　　　　　　　　（b）波形图

图 3.10　单相半波可控整流

电路由晶闸管 VS、负载 R_d 和单相变压器 T 组成。单相变压器 T 用来变换电压，u_1、u_2 分别表示变压器初级和次级电压的瞬时值，u_G 表示晶闸管控制极上的脉冲电压，u_T 表示晶闸管两端电压的瞬时值，u_d 表示负载两端电压的瞬时值。下面分析电路的工作原理。

2. 电路的工作原理

设 $u_2 = U_2 \sin\omega t$，在 u_2 的正半周，晶闸管承受正向电压，但在晶闸管控制极未加触发脉冲前是不导通的，负载 R_d 没有电流流过，负载两端电压为零，晶闸管承受 u_2 全部电压。

当触发脉冲加到晶闸管的控制极后，晶闸管导通，由于晶闸管导通后的管压降很小，约为 1V 左右，与 u_2 的大小相比可以忽略，因此负载两端电压与 u_2 相似，并有相应的电流流过。

当交流电压 u_2 过零值时，流过晶闸管的电流小于维持电流，晶闸管便自行关断，输出电压为零。

在 u_2 的负半周，即 ωt 为 $\pi \sim 2\pi$ 时，晶闸管承受反向电压，无论控制极加不加触发电压，晶闸管均不会导通，呈反向阻断状态，输出电压为零。当下一个周期来临时，电路重复上述过程。

在单相可控整流电路中，把晶闸管从承受正向电压的时刻起，到触发导通时所对应的电角度叫控制角，用 α 表示。把晶闸管在一个周期内导通所对应的电角度叫导通角，用 θ 表示。显然，$\theta = \pi - \alpha$，控制角 α 越小，导通角 θ 就越大，当 $\alpha = 0$ 时，导通角 $\theta = \pi$，称为全导通，α 的变化范围为 $0 \sim \pi$。

由此可见，改变触发脉冲加入时刻就可以控制晶闸管的导通角，负载上电压平均值也随之改变，即控制角 α 越小，导通角 θ 越大，负载电压的平均值就越大。所以改变控制角 α 的大小，就可以达到调压的目的。

3. 有关的计算

在单相半波可控整流电路中，经常需要计算负载上电压和电流的平均值，以及晶闸管上所承受的最高正、反向电压。由图 3.10 可知，负载电压 u_d 是正弦半波的一部分，在一个周期内，其平均值为

$$
\begin{aligned}
U_d &= \frac{1}{2\pi} \int_{\alpha}^{\pi} \sqrt{2} U_2 \sin\omega t \, \mathrm{d}(\omega t) \\
&= \frac{\sqrt{2}}{2\pi} U_2 (1 + \cos\alpha) \\
&= 0.45 U_2 \frac{1 + \cos\alpha}{2}
\end{aligned}
\tag{3.3}
$$

当 $\alpha = 0$ 时，晶闸管全导通，相当于二极管单相半波整流电路，输出电压平均值最大可 $0.45U_2$；当 $\alpha = \pi$ 时，晶闸管全阻断，输出电压为零。

负载电流的平均值为

$$
I_d = \frac{U_d}{R_d} = 0.45 U_2 \frac{1 + \cos\alpha}{2R_d}
\tag{3.4}
$$

由图 3.10 可以看出，晶闸管上所承受的最高正向电压为

$$
U_{VM} = \sqrt{2} U_2
\tag{3.5}
$$

晶闸管上所承受的最高反向电压为

$$
U_{RM} = \sqrt{2} U_2
\tag{3.6}
$$

在选择晶闸管时，其额定电压应取其峰值电压的 2～3 倍。如果输入交流电压为 220V，则其峰值电压为 311V，应选择额定电压为 600V 以上的晶闸管。

【**例 3.1**】　在单相半波可控整流电路中，输入的交流电压为 220V，负载的阻值为

30Ω，要求负载两端的电压平均值为 74.2V。试求晶闸管的控制角 α、导通角 θ、晶闸管中通过电流的平均值以及晶闸管承受的峰值电压。

解：

$$U_d = 0.45U_2 \frac{1+\cos\alpha}{2}$$

$$74.2 = 0.45 \times 220 \frac{1+\cos\alpha}{2}$$

$$\cos\alpha = 0.5$$

控制角：$\alpha = 60°$；导通角：$\theta = 180° - \alpha = 120°$

晶闸管中通过的电流平均值为

$$I_d = \frac{U_d}{R} = \frac{74.2}{30} \approx 2.5(A)$$

晶闸管承受的峰值电压为

$$U_{VM} = U_{RM} = \sqrt{2}U_2 \approx 31(V)$$

3.5.2.2 单相桥式可控整流电路

单相桥式可控整流电路有全控和半控两种。全控是指桥式整流电路中的 4 个整流管都采用晶闸管；半控是指桥式整流电路中采用 2 个晶闸管和 2 个二极管作为整流元件，每个晶闸管分别工作在交流电的正、负半周。在实用的单相桥式可控整流电路中，一般都采用半控电路，因为半控电路需要的晶闸管数量少，触发控制电路比较简单。下面介绍单相半控桥式整流电路的工作原理。

1. 工作原理

单相半控桥式整流电路的电路图及波形图如图 3.11 所示。设 $u_2 = U_2\sin\omega t$，在 u_2 的

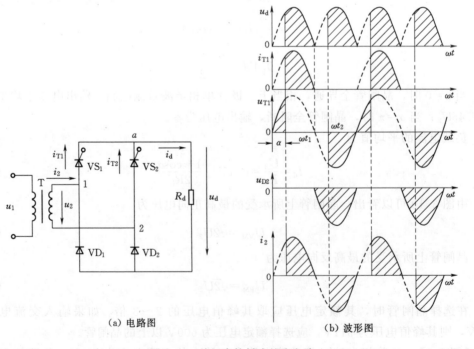

(a) 电路图　　　　　　　　　　(b) 波形图

图 3.11　单相半控桥式整流电路

正半周时，设变压器上端为正电压，下端为负电压，晶闸管 VS_1 和二极管 VD_2 承受正向电压。当 $\omega t = \alpha$ 时刻触发晶闸管 VS_1 使之导通，其电流回路为：变压器上端→VS_1→R_d→VD_2→变压器下端。这时 VS_2 和 VD_1 均承受反向电压而阻断，当电源电压 u_2 过零时，晶闸管 VS_1 阻断。

在 u_2 的负半周时，变压器下端为正电压，上端为负电压，晶闸管 VS_2 和二极管 VD_1 承受正向电压。在 $\omega t = \pi + \alpha$ 时刻触发晶闸管 VS_2 使之导通，其电流回路为：变压器下端→VS_2→R_d→VD_1→变压器上端。这时 VS_1 和 VD_2 均承受反向电压而阻断，负载电压的大小和极性与 u_2 在正半周时相同。当电源电压由负值 u_2 过零时，晶闸管 VS_2 阻断。

前面讨论的单相桥式可控整流电路都是电阻性负载电路，电阻性负载电路的工作过程及计算都比较简单。应当注意的是，在可控整流电路中，负载的性质不同，电路的工作特点及有关的计算也不同。在实际生产中，可控整流电路的负载多为电感性负载，如电动机的励磁线圈。电感性负载可控整流电路的分析及计算比较复杂，这里不再讨论。但应该清楚的是，在电感性负载可控整流电路中，负载两端必须并联续流二极管，为电感提供放电通路，防止电感产生过高的感生电动势而损坏整流器件。图 3.12 为带感性负载的半控桥式整流电路，其中 VD 是续流二极管。

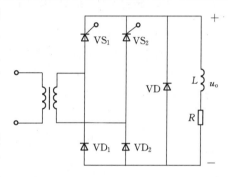

图 3.12　带感性负载的半控桥式整流电路

2. 有关的计算

从电路的波形图可以看出，单相桥式可控整流与单相半波可控整流相比，其输出电压的平均值要大一倍，有关的计算公式如下（电阻性负载）：

（1）负载上电压的平均值为

$$U_d = \frac{1}{\pi} \int_0^{\pi} \sqrt{2} U_2 \sin \omega t \, d\omega t = \frac{0.9 U_2 (1 + \cos \alpha)}{2} \tag{3.7}$$

（2）负载电流的平均值为

$$I_d = \frac{U_d}{R_L} = \frac{0.9 U_2 (1 + \cos \alpha)}{2 R_L} \tag{3.8}$$

（3）流过整流元件的平均电流为

$$I_V = \frac{I_d}{2} = \frac{0.45 U_2 (1 + \cos \alpha)}{2 R_L} \tag{3.9}$$

（4）晶闸管及整流二极管承受的最大正、反向电压相等，均为

$$U_{VM} = U_{RM} = \sqrt{2} U_2 \tag{3.10}$$

*3.6　张驰振荡电路

要使晶闸管导通，除了阳极要承受正向电压外，门极还要加上合适的触发电压，改变触发脉冲输出时刻便可改变输出直流电压的大小。为控制极提供触发电压的电路叫触发电

路，为了保证可靠地触发，触发电路必须满足一定的要求：

（1）触发信号应有一定的宽度，并且触发脉冲上升沿要陡，一般要求前沿时间小于 $10\mu s$，以保证触发的可靠性。

（2）触发信号应有足够的功率，一般要求触发电压 $U_g \geqslant 4V$，$I_g \geqslant 200mA$，具体的数值要根据所选用的晶闸管而定。

（3）触发信号必须与晶闸管的阳极电压同步，这样才能保证晶闸管在每一个周期的触发时刻都相同。

（4）触发信号应能在一定的范围内进行移相，这样才能达到可控的目的。

（5）为了避免误导通，不触发时，触发输出的漏电压小于 $0.2V$。

触发电路的类型很多，由于单结晶体管触发电路输出的脉冲具有前沿陡、抗干扰能力强等特点，应用十分广泛。本节我们只介绍单结晶体管触发电路。

3.6.1 单结晶体管的结构和特性

3.6.1.1 单结晶体管的结构

单结晶体管的结构示意图、符号和等效电路如图 3.13 所示。单结晶体管是在一块高电阻率的 N 型硅片一侧的两端各引出一个电极，分别称为第一基极 B_1 和第二基极 B_2；在硅片另一侧掺入 P 型杂质，形成 PN 结，并引出一个铝质电极，称为发射极 E。

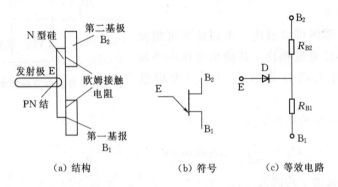

（a）结构　　　　　（b）符号　　　　（c）等效电路

图 3.13　单结晶体管的结构示意图和等效电路

单结晶体管的外形和普通三极管相似，也有 3 个电极，但不是三极管，而是具有 3 个电极的二极管，管内只有一个 PN 结，所以称为单结晶体管。在 3 个电极中，1 个是发射极，两个是基极，所以也称为双基极二极管。

在单结晶体管的符号中，有箭头表示的是发射极 E；箭头所指方向对应的基极为第一基极 B_1，表示经 PN 结的电流只流向 B_1 极；第二基极用 B_2 表示。

3.6.1.2 单结晶体管的伏安特性

单结晶体管伏安特性是指在第二基极 B_2 与第一基极 B_1 之间加上固定直流正向电压时，发射极电流 I_E 与发射极正向电压 U_{EB1} 之间的关系曲线，如图 3.14 所示。

单结晶体管的伏安特性分为 3 个区域：

（1）截止区。当外加电压 $u_{EB1} < U_P$（峰点电压）时，单结晶体管的 PN 结承受反向电压，发射极上只有很小的反向电流通过，单结管处于截止状态，这段区域称为截止区，如

图 3.14 中的 AP 段。

（2）负阻区。当 $u_{EB1} > U_P$ 时，PN 结正偏，等效二极管导通，R_{B1} 急剧下降，i_E 增大。i_E 增大又进一步促使 R_{B1} 下降，进入一个正反馈过程。从单结晶体管的 E 极和 B_1 极两端看，u_{EB1} 随 I_E 的增大而减小，呈现负阻效应，如图中的 PV 段曲线。

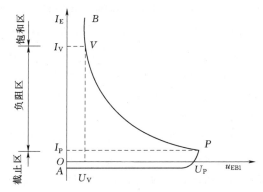

图 3.14　单结晶体管的伏安特性

P 点处的电压 U_P 称为峰点电压，相对应的电流称为峰点电流。峰点电压是单结管的一个很重要的参数，它表示单结管未导通前最大发射极电压，当 u_{EB1} 稍大于 U_P 或者近似等于 U_P 时，单结管电流增加，电阻下降，呈现负阻特性。

（3）饱和区。当 u_{BE1} 降低到谷点以后，i_E 增加，u_{BE1} 也有所增加，单结晶体管进入饱和区，如图中的 VB 段曲线，呈现正电阻特性。负阻区与饱和区的分界点 V 称为谷点，该点的电压称为谷点电压 U_V。谷点电压 U_V 是单结管导通的最小发射极电压，当 $u_{EB1} < U_V$ 时，单结晶体管重新截止。

综上所述，单结管具有以下几个特点：

（1）当发射极电压等于峰点电压 U_P 时，单结管导通。导通之后，当发射电压减小到 $u_{BE1} < U_V$ 时，单结管由导通变为截止。一般单结管的谷点电压为 $2 \sim 5V$。

（2）单结管的发射极与第一基极之间的 R_{B1} 是一个阻值随发射极电流增大而变小的电阻，R_{B2} 则是一个与发射极电流无关的电阻。

（3）不同的单结管有不同的 U_P 和 U_V，同一个单结管，若电源电压 U_{BB} 不同，它的 U_P 和 U_V 也有所不同。在触发电路中常选用 U_V 低一些或 I_V 大一些的单结管。

3.6.2　张弛振荡电路

上面介绍过单结晶体管具有负阻特性，利用单结晶体管的负阻特性以及 RC 的充、放电特性，可以组成单结晶体管自激振荡电路，产生频率可调的脉冲信号，这就是单结晶体管张弛振荡器，如图 3.15 所示。

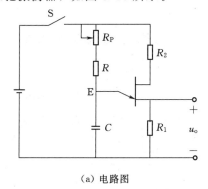
（a）电路图

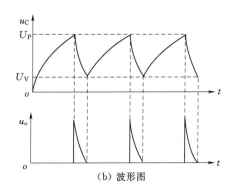
（b）波形图

图 3.15　单结晶体管张弛振荡器

单结晶体管张驰振荡器的工作原理是：当合上开关 S 后，电源通过 R_1、R_2 加到单结管的两个基极上，同时又通过 R、R_P 向电容器 C 充电，电容的电压 u_C 按指数规律上升。在 $u_C(u_C = u_E) < U_P$ 时，单结管截止，R_1 两端输出电压近似为 0。

当 u_C 达到峰点电压 U_P 时，单结管的 E 极和 B_1 极之间突然导通，电阻 R_{B1} 急剧减小，电容上的电压通过 R_{B1}、R_1 放电。由于 R_{B1}、R_1 都很小，放电速度很快，放电电流在 R_1 上形成一个脉冲电压 u_o。

当 u_C 下降到谷点电压 U_V 时，E 极和 B_1 极之间恢复阻断状态，单结管从导通跳变到截止，输出电压 u_o 下降到零，完成一次振荡。如此周而复始，就在电容 C 上形成了类似锯齿的锯齿波，在输出端 R_1 上形成了一系列的尖脉冲。

上述电路的工作过程利用了单结管负阻特性和 RC 充放电特性，如果改变电位器 R_P，便可改变电容充放电的快慢，使输出的脉冲前移或后移，从而改变控制角 α，控制了晶闸管触发导通的时刻。

电容 C 一般取值为 $0.1 \sim 0.47 \mu F$，容量太小会造成触发功率不够，容量过大会使最小控制角增大，移相范围变小。R_1 一般在 $50 \sim 100\Omega$ 之间取值为宜，R_1 太小，则放电太快，脉冲太窄且幅度小，不利于触发晶闸管。R_1 太大，有可能发生由于单结管的漏电流在 R_1 上产生的压降太大，而导致晶闸管误导通。

R_2 是温度补偿电阻，一般取 $200 \sim 600\Omega$。在电路中接入不随温度变化的电阻 R_2，可以使触发电路的工作点基本稳定。

3.6.3　可控整流电路的同步

上述的单结管振荡电路还不能直接用于晶闸管可控整流电路中，因为在实际应用中必须解决触发电路与主电路同步的问题，以保证晶闸管在每个周期的同一时刻触发，否则会产生失控现象。解决的方法是将主电路和触发回路接在同一电源上，单结晶体管同步触发电路及波形图如图 3.16 所示。

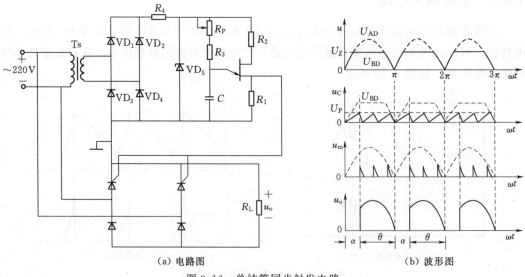

(a) 电路图　　　　　　　　(b) 波形图

图 3.16　单结管同步触发电路

在电路图 3.16 中，下半部分为主回路，是一个单相半控桥式整流电路。上半部分为单结晶体管触发电路，Ts 为同步变压器，它的初级线圈与可控整流电路均接在 220V 交流电源上，次级线圈得到同频率的交流电压，经单相桥式整流后变成脉动直流电压 U_{AD}，再经稳压管削波变成梯形波电压 U_{BD}，此电压为单结管触发电路的工作电压。

加削波环节的目的：①起到稳压作用，使单结管输出的脉冲幅值不受交流电源波动的影响，提高了脉冲的稳定性；②经过削波后，可提高交流同步电压的幅值，增加梯形波的陡度，扩大移相范围。

主电路和触发电路由 220V 交流电源同时供电，当触发电路的梯形波由正到负过零点时，单结管的 $U_{BB}=0$，峰点电压 U_P 也近似为零，单结管 E、B_1 之间导通，电容 C 迅速放电。当触发电路的梯形波由零变正时，电容开始充电，u_C 从零开始升高，重复上述的过程。每个周期内的第一个脉冲为触发脉冲，其余的脉冲没有作用。每一个周期电容都从零开始充电，使产生的第一个有用的触发脉冲时间都一样，即每周期的控制角 α 都相同，这样就保证了触发脉冲与主电路晶闸管阳极电压的同步。

调整电位器 R_P 可改变输出电压平均值，电位器电阻增大时，电容 C 充电变慢，使每一周期出现第一个脉冲的时间推迟，即控制角增大，则晶闸管的导通角和输出电压平均值都变小。因此，调节电位器 R_P，就可达到调压的目的。

3.7 小结

（1）单向晶闸管导通的条件是：在阳极—阴极间加正向电压，同时要在控制极加适当的正向电压。当晶闸管触发导通后，控制极失去控制作用。当回路电压减小、回路电阻增大或其他因素使阳极电流小于晶闸管的维持电流时，晶闸管又重新阻断。

（2）利用晶闸管小触发信号控制大电流导通的特性，可以组成可控整流电流，通过改变晶闸管的导通角 θ，将输入交流电整流成平均值可调的直流电。

（3）双向晶闸管可以看做是两个单向晶闸管正反向并联组成的器件，它具有正、反两个方向都能导通的特性，广泛用于交流开关电路中。

（4）利用具有负阻特性的单结晶体管可以组成张弛振荡器，作为单向晶闸管的触发电路。双向晶闸管常用双向触发的二极管来触发。

（5）在实际应用中，要注意解决主电路与触发电路的同步问题，以保证可控整流可靠进行。

3.8 练学拓展

（1）简述晶闸管的结构，晶闸管在导电上有何特点？
（2）用晶闸管实现可控整流电路，为什么可以实现对输出电压的调节？
（3）简述一种触发脉冲移相电路的工作原理。
（4）为什么触发电路要与主电路同步？
（5）什么是稳压管的削波作用？其目的何在？

（6）在单结晶体管的触发电路中，电容 C 一般在 $0.1\sim 1\mu F$ 范围内，如果取得太小或太大对晶闸管的工作有何影响？电阻 R_1 一般在 $50\sim 100\Omega$ 之间，如果取得太小或太大，对晶闸管的触发有何影响？

（7）某一电阻性负载，需要直流电压 60V，电流 30A。今采用单相半波可控整流电路，直接由 220V 电网供电。试计算晶闸管的导通角、电流的有效值，并选择晶闸管。

（8）有一单相半波可控整流电路，负载电阻 $R_L=10\Omega$，直接由 220V 网供电，控制角 $\alpha=60°$。试计算整流电压的平均值、整流电流的平均值和电流的有效值，并选择晶闸管。

（9）有一电阻性负载，它需要可调的直流电压 $U_0=0\sim 60V$，电流 $I_0=0\sim 10A$。现采用单相半控制桥式整流电路，试计算变压器副边的电压，并选择整流元件。

（10）试分析图 3.17 所示电路的工作原理。

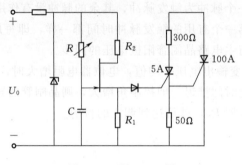

图 3.17　题（10）图

基本放大电路的分析与应用

放大是电信号处理中最基本和最重要的环节，放大电路可以将微弱的电信号放大到需要的幅度，便于对电信号进行更多形式的处理。同时，放大电路又是其他信号处理电路（如有源滤波电路、振荡电路等）的基本组成单元，因此对放大电路的讨论分析是本课题的重要内容。

教学目的和要求

通过本课题的学习，了解信号放大的过程，认识三极管等具有放大作用的半导体器件，掌握利用这些器件组成放大电路的方法，并能够对放大电路的工作状态进行测量和判断，以及计算电压放大倍数、输入电阻和输出电阻等。

1. 能力目标要求

（1）能够根据电路原理图搭建或制作放大电路，掌握放大电路静态、动态参数的测量方法。

（2）能够判断放大电路的非线性失真情况，并掌握调整电路以改善失真的方法。

2. 知识目标要求

（1）理解信号与放大的概念，掌握用三极管组成放大电路的方法。

（2）掌握三极管的电气特性，了解放大电路的非线性失真问题。

（3）理解三极管的等效电路，掌握放大电路静态、动态参数的计算方法。

（4）理解基极分压式偏置电路的静态工作点稳定原理。

（5）了解多级放大电路的 3 种耦合方式的特点。

（6）理解放大电路频率响应的概念，了解共发射极放大电路中影响电路频率响应的元件因素。

任务 4　电子助听器的分析与制作

4.1　任务目的

掌握基本放大电路的组成、电路的功能及工作原理。了解静态工作点对放大器工作点的影响。熟悉分压式偏置电路的结构及工作原理。了解 3 种组态放大器的基本特点及应用。完成电子助听器的设计。掌握电路的安装调试与故障检测排除方法，提高实际操作能力。

4.2　电路设计与分析

电子助听器由耳机、信号放大电路和输出电路组成，如图 4.1 所示。

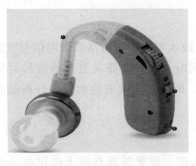

(a) 实物图

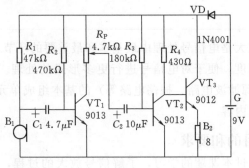

(b) 电路原理图

图 4.1　电子助听器

晶体管 VT_1，VT_2 为共发射极放大器，VT_3 为共集电极放大器。驻极体话筒 B_1 把环境声音转变为音频电流。三极管 VT_1 与电阻 R_2 和可变电阻 R_P 组成单管放大器，驻极体话筒 B_1 传出的音频信号，经电容 C_1 传到 VT_1 基极，经放大后从 VT_1 集电极输出，再经过电容 C_2 送到 VT_2 基极，VT_2 和 VT_3 组成直接耦合式放大器，把信号进一步放大，推动耳机发声。

4.3　相关理论知识

4.3.1　用三极管实现小信号放大的基本概念

4.3.1.1　信号放大的实质

电子技术的基本任务是将接收到的或由其他传感器变换过来的电信号进行所需要的处理，然而这些电信号往往都很微弱，如收音机天线感应出的无线电信号只有微伏级，动圈话筒将声音转换成的电信号只有毫伏级，这么微弱的信号很容易被噪声淹没，非常不便于处理，必须将信号放大到足够的幅度值，才能进行下一步的处理。放大是指用一个小的变化量去控制一个较大量的变化，即由输入量控制输出量，把直流能量转换成按输入量变化的交流能量。使信号得到放大而且不能失真，即要求大的变化量和小的变化量成比例，实现所谓的线性放大。

放大的实质是控制，要实现信号的放大，需要具有控制作用的器件，也就是受控源器件。即以受控源器件为中心分析、设计和制作各种的放大电路。

4.3.1.2　放大电路的主要性能指标

把放大电路用四端网络表示，如图 4.2 所示。u_i、u_o 为输入、输出电压，i_i、i_o 为输入、输出电流，u_s、R_s 为源电压、源电阻。则主要性能指标如下：

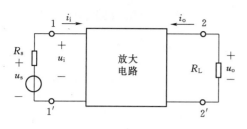

图 4.2　放大电路

（1）电压放大倍数 A_u。

$$A_u = \frac{u_o}{u_i} \qquad (4.1)$$

（2）输入电阻 R_i。

$$R_i = \frac{u_i}{i_i} \qquad (4.2)$$

R_i 的大小反映了放大电路对信号源的影响程度。R_i 越大，u_i 与 u_s 越接近。

（3）输出电阻 R_o。放大电路的输出相当于负载的信号源，该信号源的内阻称为电路的输出电阻。

$$R_o = \frac{u}{i}\bigg|_{\substack{u_s=0 \\ R_L=\infty}} \qquad (4.3)$$

放大电路输入电阻和输出电阻不是直流电阻，而是在线性运用情况下的交流电阻。

4.3.2　共发射极放大电路分析

4.3.2.1　共发射极放大电路的组成

共发射极放大电路的组成原则是保证三极管工作在线性放大区域。也就是要保证集电结反偏，发射结正偏，如图 4.3 所示。

电路中各元件的作用：①三极管 VT 是放大电路中的核心元件，起电流放大作用。②直流电源 V_{CC} 一方面与 $R_B R_C$ 相配合，保证三极管的发射结正偏和集电结反偏，保证三极管工作在放大状态；另一方面为输出信号提供能量。数值一般为几伏至几十伏。③基极偏置电阻 R_B 与 V_{CC} 配合，决定了放大电路基极电流 I_{BQ} 的大小。阻值一般几十千欧至几百千欧。④集电极电阻 R_C 将三极管集电极电流的变化量转换为电压的变化量，反映到输出端，从而实现电压放大。阻值一般为几千欧至几十千欧。⑤耦合电容 C_1 和 C_2 起"隔直通交"作用，一方面隔离放大电路与信号源和与负载之间的直流通路；另一方面使交流信号在信号源、放大电路、负载之间能顺利地传送。一般为几微法至几十微法的电解电容。

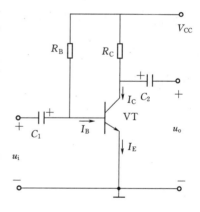

图 4.3　共发射极放大电路的组成

4.3.2.2　静态工作点计算

放大电路没有加入输入信号（$u_i = 0$）时，电路中的电压电流都是直流状态，称为直流工作状态或静态工作点，简称静态。计算出基极电流 I_B，集电极电流 I_C 和集电极发射极电压 U_{CE}，就可以判断三极管是否工作在放大状态，从而确定电路能否正常放大信号（静态时的 I_B、I_C 和 U_{CE} 分别用 I_{BQ}、I_{CQ} 和 U_{CEQ} 表示）。

【例 4.1】　试估算图 4.3 所示共发射极放大电路的 I_{BQ}、I_{CQ} 和 U_{CEQ}，已知 $V_{CC} = 12\text{V}$，$R_B = 280\text{k}\Omega$，$R_C = 3\text{k}\Omega$，$\beta = 50$。

解： 在直流状态，电容 C_1 和 C_2 可以看成开路，得放大电路的直流等效电路如图 4.4

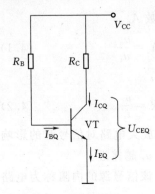

图 4.4　直流等效电路

所示，三极管导通时 $U_{BEQ}=0.7V$，对 I_{BQ} 支路，有

$$I_{BQ}R_B + U_{BEQ} = V_{CC}$$

$$I_{BQ} = \frac{V_{CC} - U_{BEQ}}{R_B} = \frac{12 - 0.7}{280} \approx 0.040(\text{mA}) = 40(\mu A)$$

$$I_{CQ} = \beta I_{BQ} = 50 \times 0.04 = 2(\text{mA})$$

$$U_{CEQ} = V_{CC} - I_{CQ}R_C = 12 - 2 \times 3 = 6(\text{V})$$

U_{CEQ} 为 6V，在截止状态值（$\approx V_{CC}$）和饱和状态值（$<1V$）之间，说明三极管处于放大状态，静态工作点合适。

放大电路的静态工作点设置不合适，放大信号时容易产生截止失真和饱和失真。

1. 截止失真

静态时，如果集电极电流 I_C 很小，三极管接近截止状态，在正弦交流信号 u_i 输入时，I_C 跟随变化，就会在减小时（负半周）因进入截止状态而无法正常变化，如图 4.5 所示，这种失真称为截止失真。在共发射极放大电路中，U_{CE} 的变化与 I_C 的变化相位相反。

2. 饱和失真

静态时，如果集电极电流 I_C 很大靠近最大值，三极管接近饱和状态，在正弦交流信号 u_i 输入时，I_C 跟随变化，就会在增大时（正周）因达到最大值（饱和）而无法正常变化，如图 4.6 所示，这种失真称为饱和失真。在共发射极放大电路中，U_{CE} 的变化与 I_C 的变化相位相反。

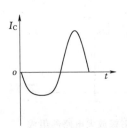 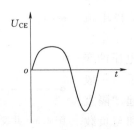 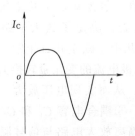 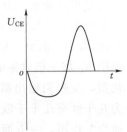

图 4.5　截止失真的 I_C 和 U_{CE} 波形　　　图 4.6　饱和失真的 I_C 和 U_{CE} 波形

【**例 4.2**】　在图 4.7 所示电路中，用示波器观察到输出端 u_o 的波形，判断该电路出现了什么失真？如何调整？

解：输出端 u_o 的波形就是 U_{CE} 的交流分量，所以该失真属于饱和失真，原因是基极电流 I_B 过大使集电极电流 I_C 接近最大值，可以适当调大基极电阻 R_B，减小基极电流 I_B，将 I_C 降低，使失真情况得到改善。

4.3.2.3　动态分析

1. 电压放大倍数 A_u、输入电阻 R_i 和输出电阻 R_o

放大电路的静态工作点设置合理，是正常放大信号的基础。当信号 u_i 输入时，电路中的电压电流在静态的基础上产生变化（正弦波动），电路处于动态，这个时候，又通过哪些参数指标来反映放大器的性能呢？

一般来说，放大器本身并不单独工作，它需要从信号源接收小信号，放大后要将大信号送入负载，如图 4.8 所示。放大器自身的放大能力、与信号源和负载的配合情况就反映了放大器性能的优劣，通过对电压放大倍数 A_u、输入电阻 R_i、输出电阻 R_o 的计算，可以让我们大致了解一个放大电路的性能。

电压放大倍数 $A_u = u_o/u_i$，它反映了放大电路的放大能力。

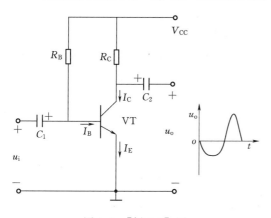

图 4.7 ［例 4.2］图

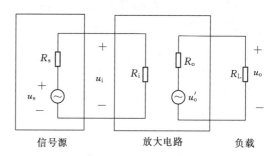

图 4.8 信号源、放大电路与负载的连接图

放大器接受信号源的信号，是信号源的负载，放大电路输入端的等效电阻（输入电阻 R_i）反映了放大电路与信号源的配合关系。输入电阻 R_i 越大，传入放大电路的信号比例越大，放大电路从信号源索取的电流就越小，对信号源的影响就越小。

放大电路给负载提供信号，是负载的信号源，这个信号源的内阻（放大电路输出端等效电阻，即输出电阻 R_o）反映了放大电路与负载的配合关系，输出电阻越小，带负载能力越强。可以通过实验方法测输出电阻 R_o：

（1）断开负载（$R_L \to \infty$），测出放大电路开路电压 U_o'。

（2）接入负载 R_L，测得有负载时的输出电压 U_o 为

$$U_o = \frac{R_L}{R_L + R_o} U_o' \tag{4.4}$$

$$R_o = \left(\frac{U_o'}{U_o} - 1 \right) R_L \tag{4.5}$$

2. 三极管的简化等效电路

由三极管特性曲线知道，当三极管在全范围内变化时，电压电流的关系是非线性的，而在适当位置上进行小幅度变化（小信号）时，三极管的特性近似线性，在这种情况下，可以将三极管的输入输出特性进行线性等效，以简化计算。

三极管输入特性如图 4.9 所示，在三极管导通后，U_{BE} 与 I_B 近似线性关系（图中 AB 段），可以用等效电阻 r_{BE} 表示，r_{BE} 的大小与三极管的 I_{EQ} 有关。

$$r_{BE} = 300 + (1+\beta) \frac{26}{I_{EQ}(\text{mA})} \tag{4.6}$$

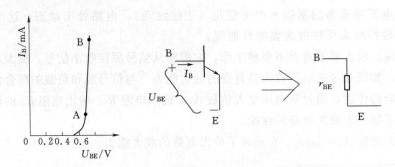

图 4.9 三极管输入等效电路

三极管输出特性如图 4.10 所示，在 $I_B>0$，$U_{CE}>1V$ 时，集电极电流 I_C 受基极电流 I_B 控制，是受控电流源。

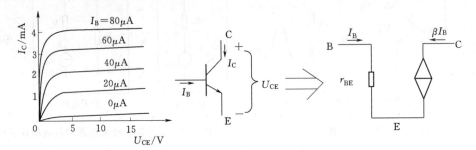

图 4.10 三极管输出等效电路

在小信号作用下，三极管的线性等效电路如图 4.11 所示。

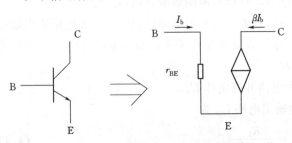

图 4.11 三极管小信号等效电路

【例 4.3】 共发射极放大电路如图 4.3 所示，已知 $V_{CC}=12V$，$R_B=280k\Omega$，$R_C=3k\Omega$，$R_L=3k\Omega$，$\beta=50$。试计算静态工作点（I_{BQ}、I_{CQ} 和 U_{CEQ}）和电压放大倍数 A_u、输入电阻 R_i 和输出电阻 R_o。

解：

（1）静态工作点。

$$I_{BQ}R_B+U_{BEQ}=V_{CC}$$

$$I_{BQ}=\frac{V_{CC}-U_{BEQ}}{R_B}=\frac{12-0.7}{280}\approx0.040(mA)=40(\mu A)$$

$$I_{CQ}=\beta I_{BQ}=50\times0.04=2(mA)$$

$$I_{EQ}\approx I_{CQ}=2mA$$

$$U_{CEQ}=V_{CC}-I_{CQ}R_C=12-2\times3=6(V)$$

$$r_{BE}=300+(1+\beta)\frac{26}{I_E}=300+(1+50)\frac{26}{2}=963\approx1(k\Omega)$$

（2）动态参数计算（电压放大倍数 A_u、输入电阻 R_i 和输出电阻 R_o）。先画出放大电路的小信号等效电路。小信号等效电路中，主要讨论变化量（信号）的问题，因此，电路中固定不变的电压源（V_{CC}、较大电容两端的电压 U_{C1}、U_{C2} 等）都可视为交流短路（电压变化量为 0），而固定不变的电流（I_{BQ}、I_{CQ} 等）都不予考虑，可以从放大电路中除去。然后再用三极管的等效电路替换三极管，如图 4.12 所示。

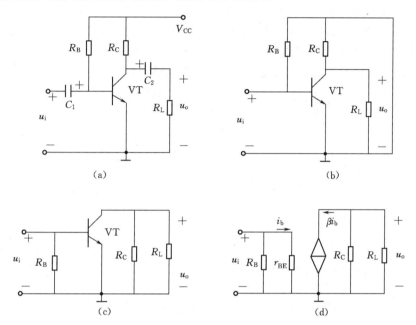

图 4.12　放大电路的小信号等效电路

由图 4.12（d）小信号等效电路，可得

电压放大倍数 A_u：

$$A_u = \frac{u_o}{u_i} = \frac{-\beta i_B (R_C /\!/ R_L)}{i_b r_{BE}} = \frac{-50 \times (3\text{k}\Omega /\!/ 3\text{k}\Omega)}{1\text{k}\Omega} = -75 \text{ 倍}$$

输入电阻 R_i：

$$R_i = R_B /\!/ r_{BE} = 280\text{k}\Omega /\!/ 1\text{k}\Omega \approx 1\text{k}\Omega$$

输出电阻 R_o：

从图 4.12 中看出，求放大电路的输出电阻 R_o，需要将负载电阻 R_L 去掉，同时令 $u_i = 0$，使 $U'_o = 0$。当 $u_i = 0$ 时，$i_B = 0$，$\beta i_B = 0$，受控源支路开路。

$$R_o = R_C = 3\text{k}\Omega$$

4.3.3　放大电路静态工作点的稳定

　　前面组成的固定偏流式共发射极放大电路结构简单，电压和电流放大作用都比较大，缺点是电路本身没有自动稳定静态工作点的能力，在电源电压波动、电路参数变化、三极管老化等因素影响下，静态工作点会偏离原来的数值，其中三极管参数随温度变化造成的影响最大。

放大电路工作一段时间后，器件的温度会升高，三极管的 U_{BE} 随温度的升高而减小（$I_{BQ} = \dfrac{V_{CC} - U_{BE}}{R_B}$ 增大），三极管的 I_{CEO} 和 β 随温度的升高而增大，因此 $I_C = I_{CEO} + \beta I_B$ 增大，严重时甚至会进入饱和状态而失去放大能力。为了克服上述问题，可以从电路结构上采取措施，使 I_C 的增大引发 I_B 减小，从而将 I_C 回调，减少温度的影响。图 4.13 电路是最常应用的工作点稳定电路，称为分压式偏置电路。

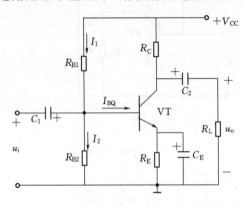

图 4.13　分压式射极偏置电路

此电路的特点如下：

（1）利用电阻 R_{B1} 和 R_{B2} 分压来稳定基极电位。设流过电阻 R_{B1} 和 R_{B2} 的电流分别为 I_1 和 I_2，$I_1 = I_2 + I_{BQ}$，一般 I_{BQ} 很小，$I_1 \gg I_{BQ}$，近似认为 $I_1 \approx I_2$，这样，基极电位为

$$U_B \approx \frac{R_{B2}}{R_{B1} + R_{B2}} V_{CC} \tag{4.7}$$

基极电位随温度变化小。

（2）利用发射极电阻 R_E 使发射极电位 U_E 随 I_C 增大而提高，使 U_{BE} 下降，I_B 减小，将 I_C 回调。

$$T(℃) \uparrow \rightarrow I_{CQ} \uparrow \rightarrow U_E \uparrow \rightarrow U_{BE} \downarrow \rightarrow I_{BQ} \downarrow \rightarrow I_{CQ} \downarrow$$

通常 $U_B \gg U_{BE}$，所以发射极电流

$$I_E = \frac{U_B - U_{BE}}{R_E} \approx \frac{U_B}{R_E} \tag{4.8}$$

根据 $I_1 \gg I_{BQ}$ 和 $U_B \gg U_{BE}$ 两个条件，得出的式（4.7）和式（4.8），分别说明了 U_B 和 I_E 是稳定的，不随温度而变，也与管子的参数 β 无关，电路更具普遍性。如果 I_1 和 U_B 越大，稳定静态工作点的作用就越明显，但 I_1 越大就意味 R_{B1} 和 R_{B2} 要取较小的数值，导致电路的输入电阻变小；而 U_B 越大则使 U_E 提高，减少放大电路的动态范围。通常选择：

$$I_1 = (5 \sim 10)I_{BQ}（硅管）\qquad U_B = (3 \sim 5)V（硅管） \tag{4.9}$$

$$I_1 = (10 \sim 20)I_{BQ}（锗管）\qquad U_B = (1 \sim 3)V（锗管） \tag{4.10}$$

4.3.4　共集电极放大电路（射极输出器）

4.3.4.1　电路组成

构建放大电路时，在三极管发射极串入电阻 R_E，使发射极电位 U_E 随 I_C 变化，通过 C_2 将 U_E 的变化量输出给负载，形成输出电压 u_o。三极管集电极接到电源 V_{CC}（交流地电位端），构成共集电极放大电路，又称射极输出器，如图 4.14 所示。

4.3.4.2　电路特点

静态工作点

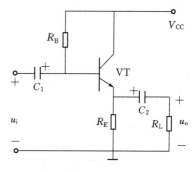

图 4.14　共集电极放大电路

$$V_{CC}=I_{BQ}R_B+U_{BEQ}+(1+\beta)I_{BQ}R_E \qquad (4.11)$$

有

$$I_{BQ}=\frac{V_{CC}-U_{BEQ}}{R_B+(1+\beta)R_E} \qquad (4.12)$$

$$I_{CQ}=\beta I_{BQ} \qquad (4.13)$$

$$U_{CEQ}=V_{CC}-I_{CQ}R_E \qquad (4.14)$$

4.3.4.3　电压放大倍数 A_u、输入电阻 R_i 和输出电阻 R_o

共集电极放大电路的微变等效电路如图 4.15 所示，设 $R_L'=R_E /\!/ R_L$，可得

（1）电压放大倍数。

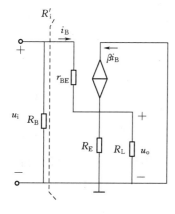

图 4.15　共集小信号等效电路

$$A_u=\frac{u_o}{u_i}=\frac{(1+\beta)i_BR_L'}{i_Br_{BE}+(1+\beta)i_BR_L'}=\frac{(1+\beta)R_L'}{r_{BE}+(1+\beta)R_L'}<1 \qquad (4.15)$$

在式（4.15）中，一般有 $(1+\beta)R_L'\gg r_{BE}$，故 A_u 略小于 1（接近 1），输出电压近似等于输入电压并同相，此电路又称射极跟随器。电路没有电压放大作用，但具有电流放大作用。

（2）输入电阻 R_i。由图 4.15 可得：

$$R_i=R_B /\!/ R_i'=R_B /\!/ \frac{u_i}{i_B}=R_B /\!/ \frac{i_Br_{BE}+(1+\beta)i_BR_L'}{i_B}$$

$$=R_B /\!/ [r_{BE}+(1+\beta)R_L'] \qquad (4.16)$$

通常 R_B 阻值比较大（几十千欧至几百千欧），同时 $r_{BE}+(1+\beta)R_L'$ 也比 r_{BE} 大得多，因此，射极输出器的输入电阻高，可以达到几十千欧至几百千欧，用在多级放大电路的输入级，能较好地获取信号源送出的信号。

（3）输出电阻 R_o。由于 $u_o\approx u_i$，当 u_i 一定时，输出 u_o 基本保持不变，这说明射极输出器具有恒压输出的特性，故其输出电阻很低。

求解图 4.15 所示等效电路中的输出电阻 R_o，可按式（4.3）去掉 R_L，并令 $u_i=0$，在输出端加入电压 u_o，得等效电路如图 4.16（a）所示，去掉 R_B 得等效电路如图 4.16（b）所示。把图 4.16（b）按电路理论整理成最后的等效电路如图 4.16（c）所示。

在图 4.16 中，设可控电流源的等效电阻为 r_o'，则

$$r_o'=\frac{u_o}{-\beta i_B}=\frac{u_o}{-i_B}\frac{1}{\beta}=\frac{r_{BE}}{\beta} \qquad (4.17)$$

$$r_Z''=r_{BE} /\!/ \frac{r_{BE}}{\beta}=\frac{r_{BE}}{1+\beta} \qquad (4.18)$$

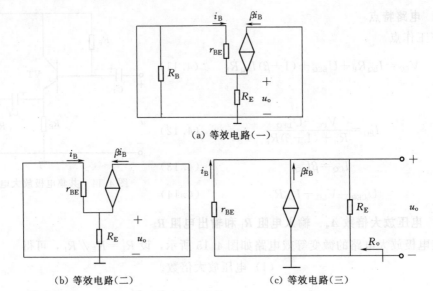

(a) 等效电路(一)

(b) 等效电路(二)　　　　　(c) 等效电路(三)

图 4.16　射极输出器输出电阻 R_o 等效电路

$$\because \qquad R_o = R_E /\!/ r_o'' = R_E /\!/ \frac{r_{BE}}{1+\beta} \qquad (4.19)$$

$$\because \qquad R_E \gg \frac{r_{BE}}{1+\beta} \qquad (4.20)$$

$$\because \qquad R_o \approx \frac{r_{BE}}{1+\beta} \qquad (4.21)$$

可见射极输出器的输出电阻很小，一般在几欧至几百欧，用作多级放大电路的输出级，具有较强的带负载能力。

*4.3.5　共基极放大电路

共基极放大电路如图 4.17（a）所示。u_i 从发射极输入，u_o 从集电极输出，基极是交流通路的公共端。共基极放大电路的小信号等效电路如图 4.17（c）所示，电压放大倍数为

$$A_u = \frac{u_o}{u_i} = \frac{\beta i_B (R_C /\!/ R_L)}{i_B r_{BE}} = \frac{\beta (R_C /\!/ R_L)}{r_{BE}} \qquad (4.22)$$

可见，共基极电路的放大倍数与共发射极电路大小相同，符号相反。A_u 为正值，u_i 与 u_o 相位相同。

由小信号等效电路可求得输入电阻 R_i 和输出电阻 R_o

$$R_i = R_E /\!/ R_i' = R_E /\!/ \frac{u_i}{i_E} = R_E /\!/ \frac{i_B r_{BE}}{(1+\beta) i_B} = R_E /\!/ \frac{r_{BE}}{1+\beta} \qquad (4.23)$$

$$R_o = R_C \qquad (4.24)$$

综上所述，共基电路的特点是：输入电阻低；输出信号与输入信号同相，电压放大倍数与共发射极电路一样，电流放大倍数小于 1，为 0.9～0.99。

4.3.6　多级放大电路

单级放大电路的电压放大倍数一般为几十倍，而实际应用中，放大器的输入信号都很

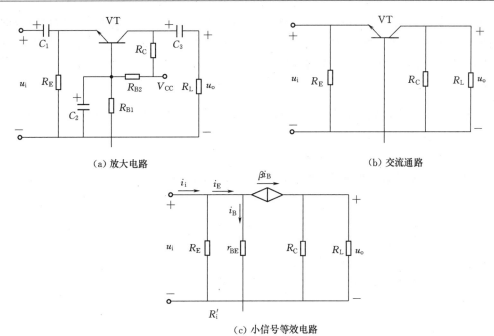

（a）放大电路　　　　　　　　　　　　　　（b）交流通路

（c）小信号等效电路

图 4.17　共基极放大电路

微弱，有时可低到毫伏或微伏级，为了推动负载工作，必须由多级放大电路对微弱信号进行连续放大，才能在输出端获得必要的电压幅值或足够的功率。图 4.18 所示为多级放大电路的组成框图，其中的输入级和中间级主要用作电压放大，可将微弱的输入电压放大到足够的幅度。后面的末前级和输出级用作功率放大，以输出负载所需的功率。

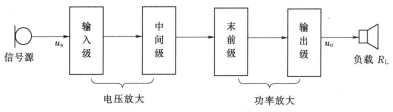

图 4.18　音频功放多级放大器组成框图

4.3.6.1　多级放大电路电压放大倍数 A_u、输入电阻 R_i 和输出电阻 R_o

图 4.19 所示为一个三级放大电路示意图，该电路的输入信号为 u_i，输出信号为 u_o，前级的输出信号就是后级的输入信号，各级的输入信号分别为 u_{i1}、u_{i2} 和 u_{i3}，输出信号分别为 u_{o1}、u_{o2} 和 u_{o3}，电压放大倍数分别为 A_{u1}、A_{u2} 和 A_{u3}。

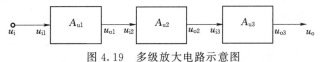

图 4.19　多级放大电路示意图

1. 电压放大倍数

$$A_u = \frac{u_o}{u_i} = \frac{u_{o3}}{u_{i1}} = \frac{u_{o3}}{u_{o2}} \times \frac{u_{o2}}{u_{o1}} \times \frac{u_{o1}}{u_{i1}} = \frac{u_{o3}}{u_{i3}} \times \frac{u_{o2}}{u_{i2}} \times \frac{u_{o1}}{u_{i1}} = A_{u3} \times A_{u2} \times A_{u1} \tag{4.25}$$

因此，多级放大电路的电压放大倍数等于各单级电压放大倍数的乘积。假设各级的放大倍数均为 20 倍，则三级放大电路的总放大倍数可以达到 8000 倍。增益的分贝表示法（放大倍数用分贝来表示时常称为增益）。

$$G_u = 20\lg \frac{u_o}{u_i} = 20\lg A_u \quad (\text{dB}) \tag{4.26}$$

在分立元件放大电路中，计算末级以外各级的电压放大倍数时，应将后级的输入电阻作为前级的负载进行计算。

2. 输入电阻

多级放大电路的输入电阻 R_i 就是第一级的输入电阻 R_{i1}，即

$$R_i = R_{i1} \tag{4.27}$$

3. 输出电阻

多级放大电路的输出电阻等于最后一级（第 n 级）的输出电阻。

4.3.6.2　多级放大电路级间耦合方式

多级放大电路内部各级之间的连接方式，称为耦合方式。常用的有阻容耦合、变压器耦合和直接耦合等。

1. 阻容耦合

图 4.20 所示电路是用电容 C_2 将两个单级放大电路连接起来的两级放大电路。可以看出，第一级的输出信号是第二级的输入信号，第二级的输入电阻 R_{i2} 是第一级的负载。这种通过电容和下一级输入电阻连接起来的方式，称为阻容耦合。

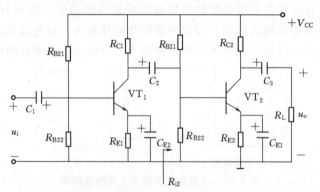

图 4.20　两级阻容耦合放大电路

阻容耦合的特点是：由于前、后级之间是通过电容连接的，所以各级的直流电路互不相通，静态工作点各自独立，这样对电路的设计、调试和维修带来很大的方便。但由于耦合电容串接在信号通道中，对低频信号的阻碍作用大，低频信号衰减明显，故不适用于直流或缓慢变化信号的放大。

2. 变压器耦合

级与级之间通过变压器连接的方式，称为变压器耦合。图 4.21 所示电路为变压器耦合两级放大电路，第一级与第二级、第二级与负载之间均采用变压器耦合方式。

变压器耦合的优点有：由于变压器隔断了直流，所以各级的静态工作点也是相互独立的。而且，在传输信号的同时，变压器还有阻抗变换作用，以实现阻抗匹配。但是，它的

频率特性较差，常用于选频放大（如收音机中频放大）或要求不高的功率放大电路。

3. 直接耦合

前级的输出端直接与后级的输入端相连接的方式（也可以通过电阻连接），称为直接耦合，如图 4.22 所示。

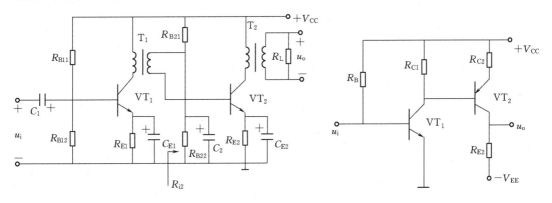

图 4.21　两级变压器阻容耦合放大电路　　　　图 4.22　两级直接耦合放大电路

直接耦合放大电路各级的静态工作点相互影响，相互牵制，需要通过科学选择放大电路形式，合理安排各级的直流电平，使它们之间能正确配合。直接耦合电路的频率特性好，变化缓慢的信号甚至是直流信号都可以正常耦合放大，这个特点也容易引发零点漂移现象，就是当直接耦合放大电路没有输入信号（输入信号为零）时，其输出端仍然有一定幅值的信号输出。产生零点漂移的原因是由于环境温度变化引发的前级放大电路的缓慢变化电压，通过直接耦合传到下一级并被逐级放大，在输出端形成幅值明显的附加干扰信号，这个信号将严重干扰甚至淹没有用信号，使电路无法正常放大信号，需要采用差动放大电路来加以克服。

由于直接耦合只用导线或电阻等元件，便于集成（大容量的电容和线圈都很难集成），故直接耦合在集成电路中得到了广泛的应用。

＊4.3.7　基本放大电路的频率特性

放大电路实现了小信号的放大，那么对于一个放大电路来说，从低频到高频的所有信号，是否都可以正常放大呢？理论分析和实践都表明，任何放大电路都只能对某个频率范围内的信号有较好的放大作用，在这个范围以外的信号，放大能力明显下降。

在阻容耦合放大电路中，由于存在级间耦合电容、发射极旁路电容以及三极管 BE、BC 之间的结电容等，它们的容抗随频率的变化而变化，对于不同频率的信号，输出电压会发生变化，因而电压放大倍数也发生变化。放大电路的电压放大倍数与频率的关系称为幅频特性。图 4.23 所示的分别是阻容耦合单级放大电路的幅频特性和相频特性。它说明，在阻容耦合放大电路的某一段频率范围内，电压放大倍数 $|A_u|$ 与频率无关，是一个常数。随着频率的增高或降低，电压放大倍数要减小。同时输出电压与输入电压之间的相位差也随输入信号的频率而改变，这种特性称为相频特性。当放大倍数下降为 $\left|\dfrac{A_u}{\sqrt{2}}\right|$（$0.707|A_u|$）时

所对应的两个频率，分别称为下限频率 f_L 和上限频率 f_H。在这两个频率之间的频率范围，称为放大器的通频带，它是放大器频率响应的一个重要指标。通频带越宽，表示放大器工作的频率范围越宽。下面就幅频特性作一简单说明。通常定义放大器的通频带（又称带宽）$BW = f_H - f_L$。

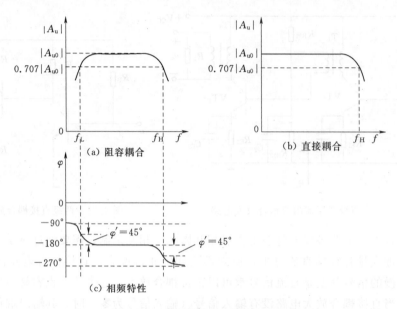

（a）阻容耦合　　　　　（b）直接耦合

（c）相频特性

图 4.23　放大电路单级的频率特性

以图 4.24 所示电路为例，在分析放大电路的频率特性时，将频率范围分为低、中、高 3 个频段。

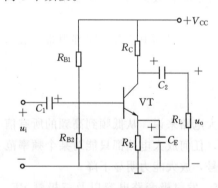

图 4.24　共发射极电路

在中频段，由于级间耦合电容和射极旁路电容的容量较大，故对中频段信号的额容抗很小，可视为短路。三极管的级间电容和导线的分布电容等，这些电容均很小，可认为其等效电容 C 并联在输出端上，基本不影响放大倍数，可视为开路。所以，在中频段可以认为电容不影响交流信号的传递，放大倍数最大。

在低频段，由于耦合电容 C_1、C_2 和射极电容 C_E 的阻抗增大，信号通过这些电容时就被明显衰减，并且产生相移，输出电压减小，放大倍数下降。增大这些电容的容量可以改善放大电路在低频段放大倍数下降的情况。

在高频段，由于信号频率较高，耦合电容和旁路电容的容抗很小，对信号的衰减作用可以忽略。但三极管结电容 C_{BC} 的容抗随信号频率升高而减小，对信号分流作用增大，从而降低了放大电路的放大倍数，同时产生了相移。另外，三极管的电流放大倍数 β 在高频段会降低，也导致了放大电路的放大倍数进一步降低。选用结电容 C_{BC} 小的高频三极管可以提高放大电路在高频段的电压放大倍数。

图 4.23（b）所示为直接耦合放大电路的幅频特性，由于在信号传输通道中没有耦合电容，低频段信号损耗很小，低频段电压放大倍数并不降低，展宽了通频带。适用于放大直流或者变换缓慢的交流信号（如温度、压力、压力等）信号。

4.4　任务实施过程

4.4.1　制作说明

电路如图 4.1 所示，驻极体式话筒 B_1 输出的微弱电压信号经耦合电容 C_1 输入到 VT_1 基极，共射电路的电压放大倍数和电流放大倍数均较大，信号经放大后从 VT_1 集电极输出，集电极电阻 R_P 兼有音量调节的作用。再经过电容 C_2 送到 VT_2 基极，VT_2 和 VT_3 组成直接耦合式放大器，电压放大倍数是各单级电压放大倍数的乘积，把信号进一步放大，VT_3 为共集电路其输入电阻大，输出电阻小，电压放大倍数接近于 1，适用于推动耳机发声。

本电路一般不用调试即可工作，探测距离可达几米。

4.4.2　制作步骤和方法

（1）从废旧电路板上拆卸图 4.1 所需元件（送话器 B_1 除外）按线路图设计、制作线路板，将检测好的元件焊接在线路板上。

（2）调整放大级静态工作点和多级放大器的调试使工作电流为 0.4mA。

（3）装上电池（接通电源），测试话筒效果，观测耳机的输出波形。

（4）着话筒讲话，反复调整，以达到最佳收听效果，记录接收最大距离。

4.4.3　注意事项

（1）电路的插装，焊接要严格执行工艺规范。

（2）电容器、二极管的极性不能接错。

（3）电源插座的装连要细心，以免电源极性接错造成电路不能工作。

（4）调节时的步骤要正确，尤其调试条件要满足要求。

4.5　小结

（1）用三极管组成放大电路，应遵循以下原则：①要保证三极管处于放大状态；②有合适的静态工作点；③要放大的交流小信号能输入，放大后的交流信号能输出。

（2）合适的静态工作点是信号放大的基础，对放大电路进行分析包括静态分析和动态分析两个部分，静态分析通过计算三极管的电压电流值，判断三极管是否工作在放大状态，动态分析通过小信号等效电路计算放大电路的性能参数。

（3）三极管放大电路有共射、共集和共基 3 种电路形式，共射电路的电压放大倍数较大，应用广泛，其中具有稳定静态工作点作用的分压偏置电路较为常见；共集电路输入电阻高，输出电阻小，电压放大倍数接近 1，适用于信号的跟随；共基电路输入电阻小，适用于高频放大。

（4）多级放大电路常见的耦合方式有阻容耦合、直接耦合和变压器耦合 3 种。多级放大电路的电压放大倍数是各级电压放大倍数的乘积。

4.6　练学拓展

1. 填空题

（1）在交流放大器中同时存在着_____分量和_____分量两种成分。

（2）多级放大器常见的耦合方式有_____耦合、变压器耦合、_____耦合。

（3）共集放大电路具有输入电阻_____，输出电阻_____，且输出相位与输入相位_____的特点。因信号从_____输出，又称为_____。

（4）阻容耦合放大电路中，耦合电容的作用是_____和_____。

（5）电路未加交流信号时的工作状态称为_____态，而此时电路的电压、电流值称电路的_____工作点。放大电路加上输入信号后，工作状态称为_____态。

（6）三极管放大电路三种连接方式，分别为_____、_____和_____。

（7）共射放大电路，增大基极电阻 R_B，其他参数不变，则偏流 I_{BQ}_____，静态工作点向_____移动；Q 点过高易产生_____失真。Q 点过低易产生_____失真。

（8）射级输出器的电压放大倍数 $\dot{A}_u \approx$ _____，输出电压与输入电压的相位相_____。输入电阻 R_i 较_____。输出电阻 R_o 较_____。可用作多级放大器中的_____级、_____级和_____级。

（9）单级放大电路的放大倍数，在高频段下降，原因是晶体管 PN 结之间的_____和电路的_____影响。

（10）放大电路的放大倍数 $|\dot{A}_u|$ 与频率 f 的关系曲线称为_____特性曲线。

（11）放大倍数下降到中频区放大倍数 $\dot{A}_{um}$ 的 0.707 倍时，对应的高频率称为_____频率；对应的低端频率称为_____频率；上限频率和下限频率之间的范围叫_____。

（12）多级阻容耦合放大电路，其通频带比单级放大电路的通频带要_____。

（13）两级放大电路，已知第一级 $A_{u1}=-100$，第二级 $A_{u2}=-50$，则总电压放大倍数 $A_u=$_____；$R_{i1}=1k\Omega$，$R_{i2}=1.5k\Omega$，两级放大电路的输入电阻 $R_i=$_____。$R_{o1}=6k\Omega$，$R_{o2}=3k\Omega$，则两级放大电路的输出电阻 $R_o=$_____。

2. 判断题

（1）放大电路的输入电阻和输出电阻，是放大电路的基本动态性能指标之一。（　　）

（2）放大电路的电压放大倍数 A_u 反映了电路对信号的放大能力，是放大电路的主要性能指标之一。（　　）

（3）多级放大电路的电压放大倍数是各级电路放大倍数的乘积。（　　）

（4）放大电路在没有信号输入时的状态称为静态。（　　）

（5）普通三极管具有电压放大作用，即输入一个微小电压经过放大后可以得到一个较大的电压信号。（　　）

3. 多选题

（1）晶体三极管组成的基本放大电路按其输入、输出端交流通路共用电极的形式可分为哪几种组态电路？（　　）

  A. 共基放大电路   B. 乙类功率放大电路

  C. 共集放大电路   D. 共射放大电路

（2）图 4.25 所示为分压式偏置放大电路，各电阻阻值的增减对 I_C 的影响说法不正确的是（　　）。

  A. 当 R_{B1} 阻值增大时 I_C 减小

  B. 当 R_{B2} 阻值增大时 I_C 减小

  C. 当 R_{B2} 阻值增大时 I_C 也增大

  D. 只有 R_E 阻值增大时 I_C 才增大

（3）三极管组成的放大电路基本动态性能指标有（　　）。

  A. 输入与输出的相位

  B. 输入电阻与输出电阻

  C. 集电结反向偏置，发射结正向偏置

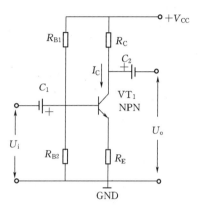

图 4.25　题 3（2）图

（4）在三极管组成的共射放大电路中下列关系式正确的是（　　）。

  A. $I_C = \beta / I_B$ B. $I_E = I_C + I_B$ C. $I_E = I_C \times I_B$

（5）晶体三极管组成的共射放大电路具有以下特点（　　）。

  A. 输入阻抗高，输出阻抗低，输入信号与输出信号的相位相反

  B. 输入信号与输出信号的相位相同，且电压放大倍数不大于 1

  C. 输入电阻较小，输出电阻较大，电压放大倍数较大

4. 根据下面给出的印制电路板装配图（图 4.26），画出对应的电子线路原理图。

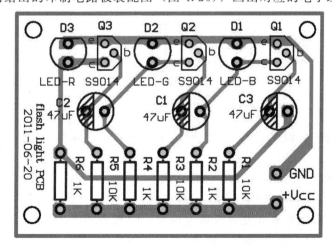

图 4.26　题 4 图

5. 如图 4.27 所示各电路中，哪些可以实现正常的交流放大，哪些则不能？

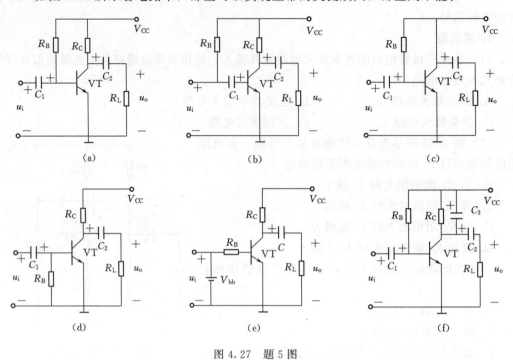

图 4.27　题 5 图

6. 在调试如图 4.28（a）所示放大电路时，出现图 4.28（b）的输出波形，试判断是什么失真？如何调节 R_b 才能使其不失真？

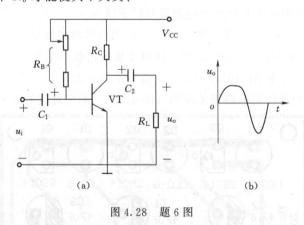

图 4.28　题 6 图

7. 在上题电路中，设 $V_{CC}=9V$，$R_C=1.5k\Omega$，$\beta=50$，调节电位器可以调整放大器的静态工作点。

（1）如果要求 $I_{CQ}=2mA$，问 R_B 值应多大？

（2）如果要求 $U_{CEQ}=4.5V$，问 R_B 又应多大？

8. 图 4.29 所示为基本共发射极放大电路，三极管为 NPN 硅管，已知 $V_{cc}=12V$，$R_C=3k\Omega$，$R_B=470k\Omega$，$R_L=3k\Omega$，$\beta=100$。

（1）估算静态工作点 I_{CQ} 和 U_{CEQ}。

（2）画出小信号等效电路，并求电压放大倍数 A_u，输入电阻 R_i 和输出电阻 R_o。

9. 共集电极放大电路如图 4.30 所示，图中三极管为硅管，已知 $V_{CC}=12V$，$R_B=200k\Omega$，$R_E=2k\Omega$，$R_L=2k\Omega$，$\beta=100$，$r_{BE}=1.2k\Omega$。试求：

（1）静态工作点 I_{CQ} 和 U_{CEQ}。

（2）输入电阻 R_i 和输出电阻 R_o。

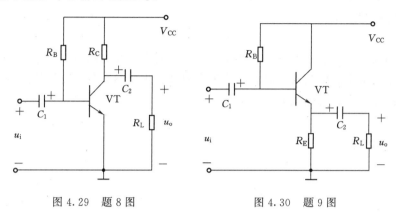

图 4.29　题 8 图　　　　　　　　图 4.30　题 9 图

10. 分压式偏置电路如图 4.31 所示，三极管为硅管，已知 $V_{CC}=12V$，$R_{B1}=68k\Omega$，$R_{B2}=47k\Omega$，$R_C=3.9k\Omega$，$R_{E1}=200\Omega$，$R_{E2}=2k\Omega$，$R_L=5.1k\Omega$，$\beta=50$。

（1）估算静态工作点 I_{CQ} 和 U_{CEQ}。

（2）画出小信号等效电路，并求电压放大倍数 A_u，输入电阻 R_i 和输出电阻 R_o。

11. 如图 4.32 所示的两极放大电路，其中三极管的 β 均为 100，且 $r_{BE1}=5.3k\Omega$，$r_{BE2}=6k\Omega$。求：

（1）R_i 和 R_o。

（2）画出放大器的微变等效电路。

（3）$R_L=3.6k\Omega$ 时，估算两级放大器的 A_u。

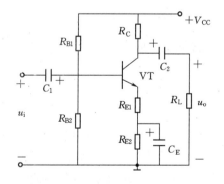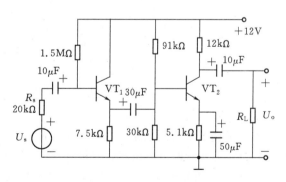

图 4.31　题 10 图　　　　　　　　图 4.32　题 11 图

任务 5　音频功率放大电路的制作与调试

5.1　任务目的

熟悉功率放大电路的主要特点、性能指标、主要类型及电路特性。掌握 OCL 与 OTL 功率放大电路的基本组成及功率放大电路工作原理、主要参数分析与计算。掌握音频功率放大电路的制作、安装与调试的方法。

5.2　电路设计

（1）音频功率放大电路由音频输入电路、前置放大电路、音调电路、中间放大电路和功放电路组成，如图 5.1 所示。

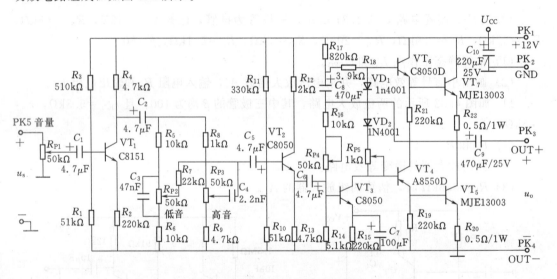

图 5.1　音频功率放大电路原理图

（2）电路分析。

1）音量调节及音调电路。图 5.1 中，R_{P1}、VT_1、R_{P2}、R_{P3} 等构成音量调节及音调调节电路。R_{P1} 为音量调节电位器，三极管 VT_1 为分压式共射放大电路，音频信号从 R_{P1} 上端进来，经 R_{P1} 调节音量后，由 C_1 耦合到 VT_1 基极，经 VT_1 放大后从集电极输出，由 C_2 耦合到低音和高音调节电路，最后由 C_5 耦合到前置放大管 VT_2 的基极。

低音调节电路由 R_5、R_{P2}、R_6、C_3、R_7 等组成，C_3 的作用是对中高音旁路，调节低音效果。当 R_{P2} 往上滑动时，提升低音，往下滑动时，衰减低音。

高音调节电路由 R_8、R_{P3}、R_9、C_4 等组成，C_4 的作用是高通电路，调节高音效果。当 R_{P3} 往上滑动时，提升高音，往下滑动时，衰减高音。

72

2）前置放大级。图 5.1 中，由 C_5、VT_2、R_{11}、R_{10}、R_{12}、R_{13} 和 C_6 等构成前置放大电路。三极管 VT_2 和上述电阻电容组成分压式共射放大电路。主要作用是对前面音量调节及音调电路输送过来的信号进行电压放大，然后输出到推动级。

3）推动级。图 5.1 中，由 R_{16}、R_{P4}、R_{14}、VT_3、R_{15} 和 C_7 等构成推动级电路。R_{P4} 为推动级三极管 VT_3 基极偏置调节电位器，可以调节 VT_3 的静态工作点，由于推动级电路与功放输出级电路采用直接耦合方式，该电位器的调节不仅影响本级的静态工作点，而且也会影响功率输出级的工作状态。音频信号从 C_6 输入到 VT_3 基极，经 VT_3 推动放大后从集电极输出到后面的功率输出级。

4）功率输出级。图 5.1 中，由 VD_1、VD_2、R_{P5}、VT_6、VT_7、VT_4、VT_5 和 C_9 等构成准互补对称甲乙类 OTL 功率输出级电路。其中 VT_6、VT_7 组成 NPN 型复合管，VT_4、VT_5 组成 PNP 型复合管，VD_1、VD_2 和 R_{P5} 组成功率输出级 OTL 电路的偏置电路，调节 R_{P5} 可以调整电路的静态工作点，使该功放电路处于甲乙类放大状态，消除交越失真的产生。R_{18} 和 C_8 组成 "自举电路"，用以消除信号的顶部失真。电容 C_9 为输出耦合电容，同时具有耦合和储能电源的作用。

5）负载电路。本功放电路的负载可以接 8Ω 扬声器，输出功率可以达到 5W。

5.3 相关理论知识

5.3.1 功率放大电路的基本概念

5.3.1.1 功率放大电路的主要特点

功率放大电路与电压放大电路从能量转换的观点来看没有本质的区别，但两者所要完成的任务不同。对于电压放大电路，它的主要要求是使负载得到不失真的电压信号，输出的功率并不要求很大。而对于功率放大电路，它的主要要求是获得一定的不失真（或失真程度在允许范围内）的输出功率。功率放大电路通常在大信号状态下工作，其工作特点和对电路的要求与电压放大电路有所不同。功率放大电路具有以下主要特点：

（1）要求功放电路的输出功率足够大，因而需要输出电压和电流的幅值足够大。

（2）处于大信号输入工作状态，动态工作范围很大。

（3）通常采用图解分析方法分析功放电路。

（4）电路末级采用功率管，极限参数 I_{cm}、$U_{(BR)CEO}$、P_{cm} 等应满足实际工作要求，并留有一定余量。

（5）分析的主要指标是输出功率、效率和非线性失真等。

5.3.1.2 功率放大电路的基本要求

根据电功率公式 $P = UI$ 可知，功率放大电路不仅要有足够大的电压变化量，还要有足够大的电流变化量，这样才能输出足够大的功率，使负载正常工作。因此，对功率放大电路有以下几个基本要求：

（1）输出功率大。功率放大器的主要目的是为负载提供足够大的输出功率。在实际应用时，除了要求选用的功放管具有较高工作电压和较大的工作电流外，选择适当的功率放大电路、实现负载与电路的阻抗匹配等，也是提高功率输出的关键。

（2）效率高。功率放大电路的输出功率由直流电源 V_{CC} 提供。由于功放管及电路损耗，负载获得的输出功率 P_o 一定小于电源功率 P_v，我们把 P_o 与 P_v 之比称为电路的效率，即 $\eta = \dfrac{P_o}{P_v}$。我们希望功放电路的效率越高越好。

（3）非线性失真小。由于功率放大电路工作在大信号放大状态，信号的动态范围大，功率放大管工作易进入非线性范围。因此，功率放大电路必须想办法解决非线性失真问题，使输出信号的非线性失真尽可能地减小。

（4）功率管的散热与保护措施。功率放大电路在工作时，功率放大管消耗的能量将使自身温度升高，不但影响其工作性能，严重时会导致其损坏。为此，功放管需要安装散热措施。此外，为了保证功率管能安全工作，还应采用过压、过流等保护措施。

5.3.1.3　功率放大电路的类型

根据功率放大电路中三极管静态工作点设置的不同，可分为：

（1）甲类功率放大器。甲类功率放大器的静态工作点 Q 点位于交流负载线的中点，如图 5.2（a）中所示 Q_A。其特点是：在输入信号的整个周期内，三极管始终处于放大状态，即三极管的导通角度为 2π，输出信号失真小，但电路效率低，如图 5.2（b）所示。

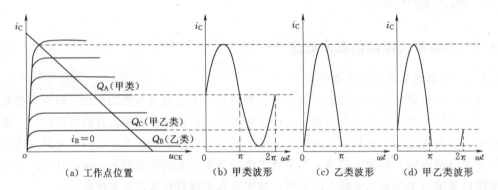

（a）工作点位置　　（b）甲类波形　　（c）乙类波形　　（d）甲乙类波形

图 5.2　功率放大电路类型及其信号波形

（2）乙类功率放大器。乙类功率放大器的静态工作点 Q 点位于交流负载线和输出特性曲线中 $i_B = 0$ 的交点，如图 5.2（a）中所示 Q_B。其特点是：在输入信号的整个周期内，三极管只对半个周期的信号进行放大，输出信号只有半个波形，即三极管的导通角度为 π，电路效率高，如图 5.2（c）所示。

（3）甲乙类功率放大器。甲乙类功率放大器的静态工作点 Q 点在交流负载线上略高于乙类工作点，如图 5.2（a）中所示 Q_C。静态时 i_C 很小，在输入信号的整个周期内，三极管能对大半个周期的信号进行放大，输出信号有大半个波形，即三极管的导通角度大于 π 而小于 2π，削波程度略小于乙类功率放大器，电路效率较高，如图 5.2（d）所示。

根据功率放大器输出端的结构特点，可分为：①有输出变压器功率放大电路；②无输出变压器功率放大电路（又称 OTL 功放电路）；③无输出电容器功率放大电路（又称 OCL 功放电路）；④桥式无输出变压器功率放大电路（又称 BTL 功放电路）。

5.3.1.4　功率放大电路的主要性能指标

1. 最大输出功率 P_{om}

输出功率 P_o 等于输出电压 U_o 与输出电流 I_o 的乘积，即 $P_{om} = U_o I_o$。因此，电路最大输出功率 P_{om} 为

$$P_{om} = U_o I_o = \frac{U_{om}}{\sqrt{2}} \frac{I_{om}}{\sqrt{2}} = \frac{1}{2} U_{om} I_{om} \tag{5.1}$$

式中：U_{om} 为输出电压的振幅；I_{om} 为输出电流的振幅。

2. 效率 η

电路的效率等于负载获得的功率 P_o 与电源的直流功率 P_v 之比，即

$$\eta = \frac{P_o}{P_v} \tag{5.2}$$

3. 非线性失真系数 THD

由于功放三极管特性的非线性，导致电路在输入单一频率的正弦信号时，输出信号为非单一频率的正弦信号，即产生非线性失真。非线性失真的程度用非线性失真系数 THD 来衡量。非线性失真系数 THD 的大小等于非信号频率成分电量与信号频率成分电量之比。即

$$THD = \frac{非信号频率成分强度}{信号频率成分强度}$$

5.3.2　基本功率放大电路的分析

5.3.2.1　单管甲类功率放大器

单管甲类功率放大电路由一个三极管构成，静态工作点设置在放大区的中点即三极管工作在甲类，为了使负载获得最大的输出功率，通常在阻抗较低的负载与电路之间加一个变压器进行阻抗变换，实现阻抗匹配。

（1）电路组成。图 5.3 为甲类单管变压器耦合功放电路。图中的 R_{B1}、R_{B2} 和 R_E 组成分压式稳定工作点偏置电路，C_E 是发射极旁路电容，R_L 为负载电阻，T_1 和 T_2 是输入和输出变压器，统称为耦合变压器。

耦合变压器的作用，一方面是隔断直流、耦合交流信号；另一方面用来变换阻抗，使负载获得较大功率。

通常，功率放大器负载 R_L 小于三极管集电极所需最佳负载电阻 R_L'，阻抗不匹配。根据变压器变换阻抗原理，T_2 的一次侧、二次侧阻抗关系为

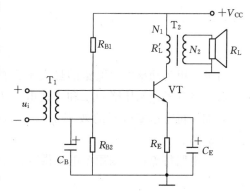

图 5.3　单管甲类功放电路

$$R_L' = n^2 R_L \tag{5.3}$$

式中：n 为变压器的匝数比，$n = N_1 / N_2$。只要合理地选择变压比 n，即可使负载 R_L 通过

T_2 在它的一次侧获得三极管所需的最佳负载阻抗 R'_L。

（2）静态时，即输入信号 $u_i=0$ 时，集电极电流 $I_C=I_{CQ}$，如图 5.3 所示，由于 T_2 的一次侧线圈中通过的是恒定直流电流，所以二次侧负载 R_L 上没有电流通过，放大器无信号输出。

（3）动态时，即当 $u_i\neq0$ 有输入信号时，信号经过 T_1、C_B 送入三极管的基极和发射极之间，产生变化的基极电流 i_B，使三极管集电极输出变化较大的集电极电流 i_C，变化的集电极电流 i_C 通过变压器 T_2 在二次侧线圈回路中感应出功率较大的信号电流 i_o，从而将三极管输出的信号功率传递给负载 R_L。

在图 5.2 电路中，由于输出变压器 T_2 的一次侧线直流电阻很小，可以认为直流短路。另外，为了有效地利用电源电压，R_E 取值很小，R_E 上的直流压降相对电源电压 V_{CC} 可略去计。因此，静态时，功放三极管的静态电压 $U_{CEQ}\approx V_{CC}$，集电极静态工作电流为 I_{CQ}，如图 5.3 所示。

（4）效率。当电路输入信号后，功放三极管的工作点将沿其交流负载线变化，如图 5.3 所示。由图可见：功放三极管集电路电流在 I_{CQ} 上下变化，变化的最大幅度 $I_{cm}\approx I_{CQ}$，功放三极管的电压在 U_{CEQ} 即 V_{CC} 左右变化，变化的最大幅度为 $U_{cem}\approx V_{CC}$。因此，功放三极管输出的最大功率为

$$P_{cm}=\frac{1}{2}I_{cm}U_{cm}\approx\frac{1}{2}I_{CQ}V_{CC} \tag{5.4}$$

若电路输出变压器 T_2 为理想变压器（无能量损耗），则功放三极管输出的信号功率全部耦合给了负载电阻 R_L，即

$$P_o=P_c \tag{5.5}$$

由于直流电源提供给功率放大电路的电流 I_{CC}，无论是在有信号时还是无信号时，其平均大小均为 I_{CQ}，如图 5.3 所示，则电源给功率放大电路提供的功率为

$$P_V=I_{CC}V_{CC}=I_{CQ}V_{CC} \tag{5.6}$$

因此，综合上面三式可得，电路的最大效率

$$\eta=\frac{P_{om}}{P_V}=50\% \tag{5.7}$$

可见，甲类功率放大电路的最大不失真输出功率仅为电源供给功率的一半，效率很低。若考虑管子饱和压降 U_{CES} 和穿透电流 I_{CEO}，则甲类功率放大电路的效率仅为 $40\%\sim45\%$，如果再考虑变压器的效率 $\eta_r（0.75\sim0.85）$，则放大器总效率还要低，通常只有 $30\%\sim35\%$。

（5）电路特点：①采用单电源供电；②有输出耦合变压器，体积大；③效率低；④低频响应差。

5.3.2.2　互补对称式推挽 OCL 功率放大电路

互补对称式推挽 OCL 功率放大电路的原理图如图 5.4（a）所示。其中，三极管 VT_1 和 VT_2 为互补对称推挽功率放大管，二者类型不同但放大倍数等性能参数一致，俗称功放对管。

（1）静态时，电路 A 点电位（即中点电压）为 0，由于两三极管基极输入电压为 0，

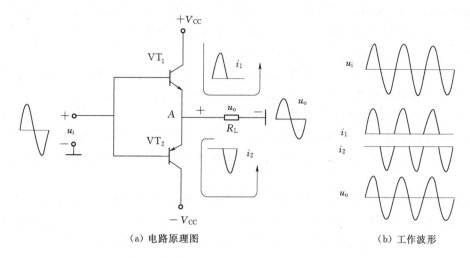

（a）电路原理图　　　　　　　　（b）工作波形

图 5.4　互补对称式推挽 OCL 功放电路原理图

所以三极管 VT_1 和 VT_2 截止，电路工作在乙类状态。此时，集电极电流 $I_{C1}=0$、$I_{C2}=0$。

（2）动态时，当输入端输入信号后，在输入信号正半周，三极管 VT_1 放大，VT_2 截止。VT_1 的集电极电流 i_1 由正电源 $+V_{CC}$ 经 VT_1 通过 R_L 上形成正半周信号；在信号负半周 VT_2 放大，VT_1 截止。VT_2 的集电极电流 i_2 由地经负载 R_L 与 VT_2 到负电源 $-V_{CC}$，在 R_L 上形成负半周信号，信号工作波形成如图 5.4（b）所示。

由上可知：在互补对称式推挽 OCL 功放电路中，NPN 型管对输入正半周信号放大，PNP 型管对输入负半周信号放大。两管彼此互补、推挽放大得到一个完整的信号。

（3）交越失真。因为乙类功放电路工作时，两个三极管的静态电流 I_{C1}、I_{C2} 均等于 0，只有当有信号输入时电源才提供电流，因此，电路的效率很高，理论上可达 78%。但是，由于三极管输入特性的非线性，输入信号的幅度必须大于三极管的死区电压才能导通。因此，当信号比较小（零点附近）时，其输出波形将会产生失真，如图 5.5（a）所示。由于信号在过零点附近三极管未导通而产生的波形失真，称为交越失真。

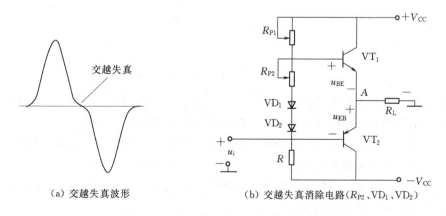

（a）交越失真波形　　　　　（b）交越失真消除电路（R_{P2}、VD_1、VD_2）

图 5.5　乙类电路交越失真及其消除电路

（4）甲、乙类功放电路。在实际应用中，通常在三极管 VT_1 和 VT_2 的基极之间加一定的偏置电路（如电位器、二极管、热敏电阻等），形成一定电位差的方法，将两个三极管的静态点设置在放大区边缘（即甲、乙类），使两个三极管在静态时微微导通，以消除电路中的交越失真，如图 5.5（b）电路所示。

（5）电路特点：①采用正、负双电源供电；②无输出电容，负载直接接地，应注意保护好功放管及负载的安全；③低频响应好，音质好。

5.3.2.3 互补对称式推挽 OTL 功率放大电路

互补对称式推挽 OTL 功放电路的原理示意图如图 5.6（a）所示。图中，VT_1、VT_2 是互补对称推挽功率放大管；R_P 为 VT_1、VT_2 的偏置电位器；C_o 为输出耦合电容；R_L 为负载。

（1）静态时，调整 VT_1 和 VT_2 的基极偏置电位器；使 A 点电压（即中点电压）等于 $V_{CC}/2$，此时 C_o 两端充电电压为 $V_{CC}/2$，两三极管 VT_1 和 VT_2 的 C、E 极之间的电压均为 $V_{CC}/2$。由于两三极管基极之间的电压差为 0，VT_1 和 VT_2 均截止，工作在乙类，集电极电流 $I_{C1}=0$、$I_{C2}=0$。

（2）动态时，如图 5.6 所示，当输入端输入信号后，在信号正半周，由于三极管基极电位高于发射极电位，三极管 VT_2 截止，VT_1 放大。VT_1 的集电极电流 i_1 从电源 V_{CC} "+" 极，通过 VT_1、C_o 和 R_L 向 C_o 充电，在 R_L 上形成正半周信号；在信号负半周，由于三极管基极电位低于发射极电位，三极管 VT_1 截止，VT_2 放大。电容 C_o 通过 VT_2 和 R_L 放电，形成 VT_2 集电极电流 i_2，在 R_L 形成负半周信号。由于 C_o 容量较大，两端电压基本不变，因此，C_o 相当于一个输出电压为 $VT_{CC}/2$ 的电压源。

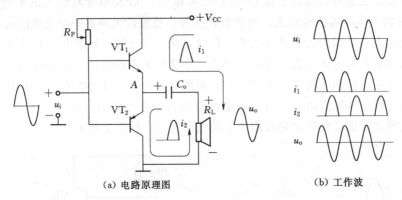

（a）电路原理图 （b）工作波

图 5.6 互补对称式推挽 OTL 功放电路原理图

由此可见：在互补对称式推挽 OTL 功放电路中，NPN 管对正半周信号放大，PNP 管对负半周信号放大。它们彼此互补，推挽放大一个完整的信号输出。

（3）交越失真。与互补对称式推挽 OCL 功放电路一样，在互补对称式推挽 OTL 功放电路中，由于三极管输入特性的非线性，当信号比较小时（零点附近），其输出波形将会产生交越失真，需要在实际电路的 VT_1 和 VT_2 基极之间加一定的偏置电路，形成一定电压差来消除电路中的交越失真。

（4）典型应用电路。图 5.7 是典型的互补对称式推挽 OTL 功放电路，其中，VT_1 是激励放大管（也称推动放大管），它给功放输出级提供足够的推动功率；R_{P1}、R_1、R_2 是

VT_1 的偏置电阻；R_4、R_3、R_{P2}、VD_1、VD_2 是 VT_1 的集电极负载电阻，其中 R_{P2}、VD_1、VD_2 还构成交越失真消除电路；VT_2 和 VT_3 是互补对称推挽功率放大管，组成功放输出级；C_1 是输入耦合电容；C_2 是 VT_1 发射极旁路电容，它可减小信号的损耗；C_3 是输出耦合电容，并充当 VT_3 回路的直流电源，容量较大，通常选在几百至几千微法之间；R_4、C_4 组成自举电路；R_L 为负载。

（5）自举电路。在图 5.7 中，R_4 和 C_4 是为了改善输出波形、提高电路的功率增益而引入的，通常称为自举电路。在输出电压增大至最大值附近时，由于 A 点电压的上升，导致三极管 VT_2 的输入电压 U_{BE2} 相对下降，致使其集电极电流在输入信号上升时随之上升受到限制，在负载上形成正半周信号顶部失真，如图 5.8（a）所示。接入 R_4 和 C_4 后，由于 C_4 容量很大，两端电压不变，可等效为一个恒压源。这样，当输出电压增大到最大值附

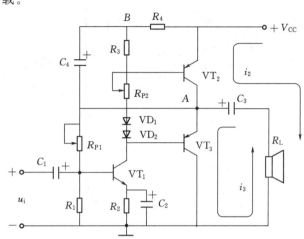

图 5.7　典型互补对称式推挽 OTL 功放电路

近时，A 点电压上升，由于 C_4 两端电压不能突变，将导致 R_4 左端 B 点的电压随之上升，B 点电压上升，将导致三极管 VT_2 的基极电压上升，三极管 VT_2 的基极电压上升，将使输入电压 u_{BE2} 不会因 A 点电压的上升而相对下降，致使其集电极电流随输入信号的上升而上升，从而消除了输出电压正半周信号上的顶部失真，如图 5.8（b）所示。由于在此过程中，电路 R_4 和 C_4 利用的是三极管 VT_2 的输出来提高自身的输入，因此，R_4 和 C_4 称为自举电路。

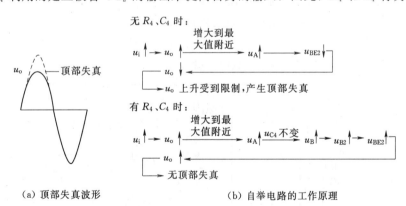

（a）顶部失真波形　　　　　　（b）自举电路的工作原理

图 5.8　输出信号的顶部失真及自举电路工作原理

（6）电路特点：①采用单电源供电；②有输出电容与负载相连接地；③低频响应差；④存在顶部失真，须采用自举电路消除。

5.3.2.4　复合管功率放大器

输出功率较大的电路，需要采用较大的功放管。大功率管的电流放大系数 β 往往较

小，而且选择用特性一致的互补管比较困难。在实际应用中，通常采用复合管。复合管是用两只或两只以上的三极管按照一定的规律进行组合，等效为一只三极管。复合管又称达林顿管，如图 5.9 所示。此外，场效应管可与三极管组成复合场效应管。

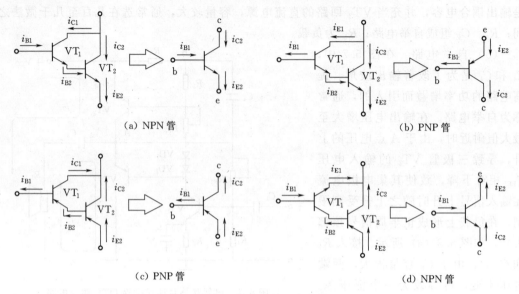

图 5.9 复合管的组合方式

复合管具有以下特点：

（1）复合管的类型取决于前一只三极管，即 i_B 向内流的等效为 NPN 型管，如图 5.9（a）、（d）所示。i_B 向外流的等效为 PNP 型管，如图 5.9（b）、（c）所示。

（2）复合管的电流放大系数等于各三极管的电流放大系数的乘积。即 $\beta = \beta_1 \cdot \beta_2 \cdots$。

（3）复合管的各极电流必须符合电流一致性原则，即各极电流的流向必须一致：串接点处电流主向一致，并接点处的电流总的代数和为 0。

图 5.10 为一采用复合管作为功放管的 OCL 电路，其中，VT_1、VT_2 构成复合 NPN 型功放管，VT_3、VT_4 构成复合 PNP 型功放管。

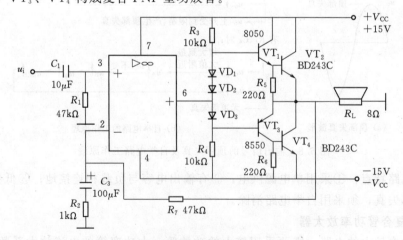

图 5.10 采用复合管做功放管的 OCL 电路

*5.3.2.5　集成功率放大器

集成功率放大器具有输出功率大，外围连接元件少、工作稳定、使用方便等优点，目前使用越来越广泛。为了改善频率特性，减少非线性失真，很多集成电路内部引入了深度负反馈。另外，集成功放内部均有保护电路，以防功放管过流、过压、过损耗等。目前国内外的集成功率放大器已有多种型号的产品，一般来说，我们只需要了解其外部特性和外部接线，就能方便地使用它们。

1. LM386 集成功放

（1）主要性能参数。LM386 是小功率音频放大器集成电路，图 5.11 是它的外形和引脚排列图。

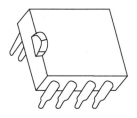

1）8 脚双列直插式塑料封装。

2）额定工作电压范围为 4～16V。

3）当电源电压 6V 时，静态工作电流 4mA。

4）电路频响范围较宽，可达数百千赫。

5）最大允许功耗为 660mW（25℃），使用时不需散热片。工作电压为 4V，负载电阻为 4Ω 时输出功率（失真为 10%）约300mW；工作电压为 6V，负载电阻分别为

（a）外形图　　（b）引脚排列图

图 5.11　LM386 集成功率放大器

4Ω、8Ω、16Ω 时输出功率分别为 340mW、325mW、180mW。

（2）引脚功能。LM386 有两个信号输入端，当信号从 2 端输入时，构成反相放大器，从 3 端输入时，构成同相放大器。每个输入端的输入阻抗都为 50kΩ，而且输入端对地的直流电位接近于零，即使与地短路，输出直流电平也不会产生大的偏离。脚 1 和脚 8 之间用来外接电阻、电容元件，以调整电路的电压增益。

（3）典型应用电路。以上输入特性使 LM386 的使用显得灵活和方便。以下为 LM386 的应用电路实例。

图 5.12 是用 LM386 组成 OTL 功放电路的应用电路。7 脚接去耦电容 C，5 脚输出端所接 10Ω 和 0.1μF 串联网络是为防止电路自激而设置的，1 脚、8 脚所接阻容网络是为了调整电路的电压增益而附加的，电容

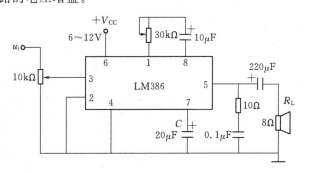

图 5.12　用 LM386 组成 OTL 电路

的取值为 10μF，R 约为 20kΩ。R 值越小，增益越大。1 脚、8 脚间也可开路使用。综上所述，LM386 用于音频功率放大时，最简电路只需一只输出电容接扬声器。当需要高增益时，也只需再增加一只 10μF 电容短接在 1 脚、8 脚之间。例如，在用作唱机放大器时，可采用最简电路；在用作收音机检波输出端时，可用高增益电路。

2. TDA2030 集成功放

（1）主要性能参数。TDA2030 集成功率放大器，是一种适用于高保真立体声扩音机

中的音频功率放大集成电路。其外接引线和外接元件少，内部设有短路保护和热切断保护
电路。TDA2030 集成功放的引脚排列如图 5.13（a）所示。

1）5 脚单列直插式塑料封装。

2）电源电压范围为 $\pm 6 \sim \pm 18V$。

3）静态工作电流小于 $60\mu A$。

4）频率响应为 $10 \sim 140Hz$，谐波失真小于 0.5%。

5）在 $V_{CC} = \pm 14V$，$R_L = 4\Omega$ 时，输出功率为 14W。

（2）引脚功能。TDA2030 有两个信号输入端，当信号从 2 端输入时，构成反相放大
器，从 1 端输入时，构成同相放大器。3 脚为负电源，5 脚为正电源，4 脚为输出端。

（3）典型应用电路，图 5.13（b）所示。电路构成由双电源供电的 OCL 功率放大器，
图 5.13（c）可构成单电源供电的 OTL 功率放大器，还可由两个 TDA2030 集成功放构成
BTL 功率放大电路。

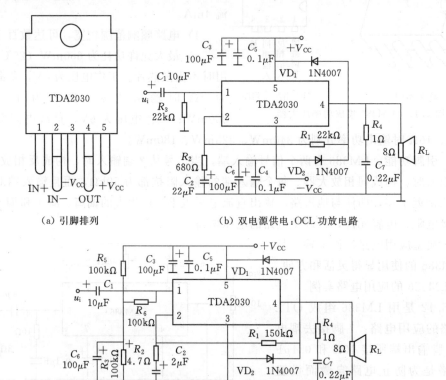

（a）引脚排列　　　　　　　（b）双电源供电：OCL 功放电路

（c）单电源供电：OTL 功放电路

图 5.13　TDA2030 及其应用电路

5.4　音频功率放大电路的实施过程

1. 制作说明

通过制作音频功率放大电路能理解功率放大电路各组成部分的电路结构以及工作原

理；训练对电路元器件的识别与检测，以及电路的装接、焊接、检查、调试和检修能力；训练使用万用表检查电路的能力；了解集成功率放大电路 TDA2030A 的结构、参数及其典型应用电路。

2. 电路主要技术参数与要求

（1）最大输出功率：5W。

（2）频率范围及其不均匀度：20～20kHz，±1.5dB。

（3）谐波失真：不大于 0.5%。

（4）信噪比：不小于 50dB。

3. 电路元器件参数及功能

音频功率放大电路元器件参数及功能见表 5.1。

表 5.1　　　　　　　　　OTL 音频功率放大电路元器件参数及功能

序号	元件代号	名称	型号及参数	功　能
1	R_1	电阻器	RJ11—0.25W—51kΩ	VT_1 基极直流偏置电阻
2	R_2	电阻器	RJ11—0.25W—220kΩ	VT_1 发射极直流偏置电阻
3	R_3	电阻器	RJ11—0.25W—510kΩ	VT_1 基极直流偏置电阻
4	R_4	电阻器	RJ11—0.25W—4.7kΩ	VT_1 集电极负载电阻
5	R_5	电阻器	RJ11—0.25W—10kΩ	低音调节电路
6	R_6	电阻器	RJ11—0.25W—10kΩ	低音调节电路
7	R_7	电阻器	RJ11—0.25W—22kΩ	低音调节电路
8	R_8	电阻器	RJ11—0.25W—1kΩ	高音调节电路
9	R_9	电阻器	RJ11—0.25W—4.7kΩ	高音调节电路
10	R_{10}	电阻器	RJ11—0.25W—51kΩ	VT_2 基极直流偏置电阻
11	R_{11}	电阻器	RJ11—0.25W—330kΩ	VT_2 基极直流偏置电阻
12	R_{12}	电阻器	RJ11—0.25W—2kΩ	VT_2 集电极负载电阻
13	R_{13}	电阻器	RJ11—0.25W—4.7kΩ	VT_2 发射极直流偏置电阻
14	R_{14}	电阻器	RJ11—0.25W—5.1kΩ	VT_3 基极直流偏置电阻
15	R_{15}	电阻器	RJ11—0.25W—220kΩ	VT_3 发射极直流偏置电阻
16	R_{16}	电阻器	RJ11—0.25W—10kΩ	VT_3 基极直流偏置电阻
17	R_{17}	电阻器	RJ11—0.25W—820kΩ	与 C_8 组成自举电路
18	R_{18}	电阻器	RJ11—0.25W—3.9kΩ	VT_6 基极电阻
19	R_{19}	电阻器	RJ11—0.25W—220kΩ	VT_4、VT_5 复合管基极电阻
20	R_{20}	电阻器	RJ11—1W—0.5Ω	VT_4、VT_5 输出级限流电阻
21	R_{21}	电阻器	RJ11—0.25W—220kΩ	VT_6、VT_7 复合管基极电阻
22	R_{22}	电阻器	RJ11—1W—0.5Ω	VT_6、VT_7 输出级限流电阻
23	R_{P1}	电位器	WTH—1W—50kΩ	音量调节电位器
24	R_{P2}	电位器	WTH—1W—50kΩ	低音调节电位器
25	R_{P3}	电位器	WTH—1W—50kΩ	高音调节电位器

序号	元件代号	名称	型号及参数	功　能
26	R_{P4}	电位器	WTH—1W—50kΩ	推动级基极偏置电位器
27	R_{P5}	电位器	WTH—1W—1kΩ	功率输出级偏置电位器
28	C_1	电容器	CD11—16V—4.7μF	VT_1 输入耦合电容
29	C_2	电容器	CD11—16V—4.7μF	VT_1 输出耦合电容
30	C_3	电容器	CC11—63V—47nF	低音调节电容
31	C_4	电容器	CC11—63V—2.2nF	高音调节电容
32	C_5	电容器	CD11—16V—4.7μF	VT_2 输入耦合电容
33	C_6	电容器	CD11—16V—4.7μF	VT_2 输出耦合电容
34	C_7	电容器	CD11—16V—100μF	VT_3 射极旁路电容
35	C_8	电容器	CD11—16V—470μF	与 R_{17} 组成"自举电路"
36	C_9	电容器	CD11—25V—470μF	功率输出级输出耦合电容
37	C_{10}	电容器	CD11—25V—220μF	电源去耦滤波电容
38	VD_1	二极管	1N4001	功放输出级偏置电路
39	VD_2	二极管	1N4001	功放输出级偏置电路
40	VT_1	三极管	C1815	音调调节级三极管
41	VT_2	三极管	C8050	前置放大级三极管
42	VT_3	三极管	C8050	推动级三极管
43	VT_4	三极管	A8550D	VT_4、VT_5 构成 PNP 型复合管
44	VT_5	三极管	MJE13003	VT_4、VT_5 构成 PNP 型复合管
45	VT_6	三极管	C8050D	VT_6、VT_7 构成 NPN 型复合管
46	VT_7	三极管	MJE13003	VT_6、VT_7 构成 NPN 型复合管
47	Y1	扬声器	YD130—12B—5W—8Ω	将音频电信号转换为音频声信号
48	V_{CC}	直流电源	+12V、1.0A	供电：为放大电路工作提供工作电流

4. 音频功率放大电路制作步骤

（1）音频功率放大电路的功能模块划分。按各电路的功能不同，把电路分成若干个功能模块，填写到表 5.2 中。

表 5.2　　　　　　　　　功 能 模 块 的 划 分

功能模块					
所用元器件					

（2）对所划分的功能模块进行电路功能分析，并能用简洁的语言表述之，填写到表

5.3 中。

表 5.3　　　　　　　　　　　　功能模块的工作原理及作用

功能模块				
工作原理 及作用				

（3）整机参数分析计算。当电源电压 $V_{CC}=12V$，负载电阻 $R_L=8\Omega$ 时，具体分析其最大输出功率、电压增益、输出阻抗、电路的效率等指标，记录于表 5.4 中。

表 5.4　　　　　　　　　　　　参 数 分 析 计 算

参数名称	最大输出功率	电压增益	输出阻抗	电路效率
分析与计算结果				

（4）根据电路元器件清单，检查需要组装电路的元器件的数量和质量，在清点元器件正确的基础上，根据图 5.14 所示的电路板图进行电路焊接，注意元器件排列整齐，焊点光滑而不虚焊，元器件位置正确。整体焊接完成后，检查电路的焊接质量。

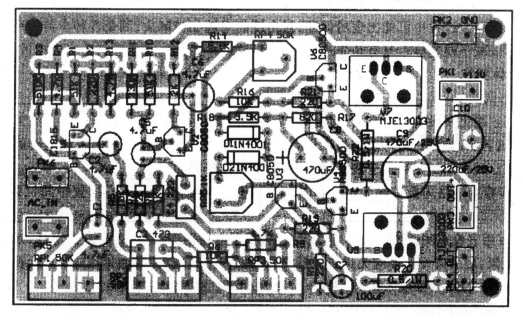

图 5.14　OTL 音频功放电路板图

5. 音频功率放大电路的调试与综合测试

（1）静态调试。经检查正确无误没有短路点后，接通 12V 直流电源，运用直流工作点的测试方法，测试各级静态工作点，如果工作点不正常，调节各级偏置电阻使各级电路的工作点达到正常状态。记录测试的数据于表 5.5 中，具体操作步骤如下：

1）调 R_{P1} 滑动片逆时针到底，R_{P2}、R_{P3}、R_{P4} 置中间位置，R_{P5} 逆时针到底。

2）用万用表检查测试板电源两端口无短路，根据电路图要求为 12V 直流电源，观察各元器件无冒烟现象，用手摸元器件应无过热元器件。如发现上述现象，断电排除故障后再测试。

3）电路正常工作后，不加输入信号，即 $U_S=0$，调 R_{P4} 至 VT_4 发射极电压为 6V。

4）调 R_{P5} 至 VT_6 管的基极与 VT_4 管的基极间电压为 1.8V 左右，此时 I_{C5}、I_{C7} 为 5～10mA。把测试的结果记录于表 5.5。

5）完成上述步骤后测试放大器静态工作点，判断电路是否工作正常。如工作点不正常，排除故障后，按上述过程进行重新测试。

表 5.5   静 态 工 作 点 的 测 量

测量点	VT$_1$			VT$_2$			VT$_3$			VT$_4$			VT$_5$			VT$_6$			VT$_7$		
	E	B	C	E	B	C	E	B	C	E	B	C	E	B	C	E	B	C	E	B	C
电压/V																					
工作点																					

（2）动态调试。

1）调试电路无交越失真和限幅失真，接负载 R_L。令输入信号 $U_{sp-p} \leqslant 100\text{mV}$（峰-峰值），$f=1\text{kHz}$，加输入信号于放大器输入端，用示波器观察输出信号，应无交越失真及双向限幅失真。如果出现失真，采取相应措施消除失真，如调 R_{P5} 或调节输入信号电压的幅值。

2）电路的灵敏度及最大不失真功率的测试。接通电源，输入 1kHz 的低频信号，使输出电压达最大不失真状态。测量输入电压，可得灵敏度及最大不失真功率，记录于表 5.6 中。运用公式

$$P_{omax}=\frac{U_{RL}^2}{8R_L}$$ (5.8)

计算出最大输出功率 P_{omax}。

表 5.6   灵敏度及最大不失真功率测试

输入电压	输出电压
灵敏度	最大不失真输出功率

3）电路的通频带的测试。将 R_{P2}、R_{P3} 电位器旋至中间位置，调节输入频率，测量 OTL 音频功放的频率响应范围（即测量通频带宽度），记录于表 5.7 中。

4）音调控制电路的测试。先将信号源的频率调至频率的低端（100Hz 左右），保持信号电压大小不变。分别调节 R_{P2}、R_{P3} 的旋钮，使阻值处于最大或最小状态，记录输出电压的大小。

表 5.7　　　　　　　　　　　　　**通 频 带 测 试**

输入信号频率				
输出电压幅度				
上限频率		下限频率		

然后将信号源的频率调至频率的高端（10kHz 左右），保持信号电压大小不变。分别调节 R_{P2}、R_{P3} 的旋钮，使阻值处于最大或最小状态，记录输出电压的大小于表 5.8 中。

表 5.8　　　　　　　　　　　　　**音 调 控 制 特 性**

信 号 频 率	输 出 电 压			
输入 100Hz，R_{P2} 保持不变时，调节 R_{P3}	R_{P3} 最大		R_{P3} 最小	
输入 100Hz，R_{P3} 保持不变时，调节 R_{P2}	R_{P2} 最大		R_{P2} 最小	
输入 10kHz，R_{P2} 保持不变时，调节 R_{P3}	R_{P3} 最大		R_{P3} 最小	
输入 10kHz，R_{P3} 保持不变时，调节 R_{P2}	R_{P2} 最大		R_{P2} 最小	

5）测量电路效率。当输出为最大不失真电压时，用直流毫安表测出电源提供的整机电流（忽略电路损耗）I_0，记录于表 5.9 中。根据公式计算电源功率为

$$P_E = U_{CC} I_0 \tag{5.9}$$

则电路的效率为

$$\eta = \frac{P_{omax}}{P_E} \tag{5.10}$$

表 5.9　　　　　　　　　　　　　**整 机 电 路 的 效 率**

电源电压	电源功率		负载功率		电路效率	
电源电流						

（3）试听。把负载电阻换成扬声器，在输入端接入音乐信号，调节音量电位器使输出音量合适，然后调节音调控制电位器，实际试听音调控制电位器对高低音控制的效果。

（4）报告撰写。根据以上的仪器使用、参数的测试及处理、问题的研究，对电路进行综合分析，写出研究报告。

5.5　小结

（1）功率放大器的主要任务是在不失真前提下，输出大信号功率。以工作点在交流负载线上的位置分类有甲类功放、乙类功放、甲乙类功放；以输出终端特点分类有 OTL、OCL、BTL 等。

（2）甲类功率放大电路简单，最大的缺点是效率低（最高理想效率仅为 50%，实际效率仅为 30%～35%）；乙类功放采用双管推挽输出，效率较高（最高效率可达 78%，实际效率仅达 60%），它有交越失真的缺点，要克服交越失真应选用甲乙类功率放大电路。

（3）为了减少输出变压器和输出电容给功率放大器带来的不便和失真，出现了无输出

变压器功放（OTL）和无输出电容功放（OCL），前者采用单电源，后者采用双电源。

（4）集成功率放大器具有体积小、质量轻、工作可靠、调试组装方便的优点，是今后功率放大电路的发展方向。使用集成功放应了解它们的外部特性和应用电路。

5.6 练学拓展

1. 填空题

（1）以功率三极管为核心构成的放大器称_____放大器。它不但输出一定的_____，还能输出一定的_____，也就是向负载提供一定的功率。

（2）功率放大器简称_____。对它的要求与低频放大电路不同，主要是要求：_____尽可能大、_____尽可能高、_____尽可能小，还要考虑_____管的散热问题。

（3）功放管可能工作的状态有 3 种：_____类放大状态，它的失真_____、效率_____；_____类放大状态，它的失真_____、效率_____；_____类放大状态，它的失真_____、效率_____。

（4）功率放大电路功率放大管的动态范围大，电流、电压变化幅度大，工作状态有可能超越输出特性曲线的放大区，进入_____区或_____区，产生_____失真。

（5）所谓"互补"放大器，就是利用_____型管和_____型管交替工作来实现放大。

（6）当推挽功率放大电路两只晶体管的基极电流为零时，因晶体三极管的输入特性_____，故在两管交替工作时产生_____。

（7）对于乙类互补对称功放，当输入信号为正半周时，_____型管导通，_____型管截止；当输入信号为负半周时，_____型管导通，_____型管截止；输入信号为零（$U_i = 0$）时，两管_____，输出为_____。

（8）乙类互补对称功放的两功率管处于零偏置工作状态，由于死区电压的存在，当输入信号在正负半周交替过程中造成两功率管同时_____，引起_____的失真，称为_____失真。

（9）甲乙类推挽功放电路与乙类功放电路比较，前者加了偏置电路向功放管提供少量_____，以减少_____失真。

（10）乙类互补对称功放允许输出的最大功率 $P_{om} = $ _____。总的管耗 $P_c = $ _____。

2. 选择题

（1）交越失真是一种（　　）失真。

A. 截止　　　　　　　　　B. 饱和　　　　　　　　　C. 非线性

（2）与甲类功率放大器相比较，乙类互补推挽功放的主要优点是（　　）。

A. 无输出变压器　　　　　B. 能量效率高　　　　　　C. 无交越失真

（3）所谓效率是指（　　）。

A. 输出功率与晶体管上消耗的功率之比

B. 最大不失真输出功率与电源提供的功率之比

C. 输出功率与电源提供的功率之比

（4）功放电路的效率主要与（　　）有关。

A. 电源供给的直流功率　　　B. 电路输出信号最大功率　　C. 电路的工作状态

（5）甲类功率放大电路的能量转换效率最高是（　　）%。

A. 50　　　　　　　　B. 78.5　　　　　　　　C. 100

（6）乙类互补功放电路存在的主要问题是（　　）。

A. 输出电阻太大　　　　　B. 效率低　　　　　　　C. 交越失真

（7）为了消除交越失真，应当使功率放大电路工作在（　　）状态。

A. 甲类　　　　　　　　B. 甲乙类　　　　　　　C. 乙类

（8）输出功率为 200W 的扩音电路采用甲乙类功放，则应选功放管 $P_{om} \geqslant$（　　）。

A. 200W　　　　B. 100W　　　　C. 50W　　　　D. 40W

（9）单电源互补推挽功率放大电路中，输出电容主要是起的作用（　　）。

A. 消除高次谐波　　B. 负电源　　　　C. 正电源

（10）单电源互补推挽功率放大电路中，电路的最大输出电压为（　　）。

A. $V_{CC} - U_{CES}$　　　B. $V_{CC}/2 - U_{CES}$　　　C. $V_{CC} - U_{CES/2}$

（11）如图 5.15 所示的功率放大电路中，二极管 VD_1 和 VD_2 的作用是（　　）。

A. 增大输出功率

B. 消除交越失真

C. 减小三极管的穿透电流

（12）功率放大电路的最大不失真输出功率是指输入正弦波信号幅值足够大，输出信号基本不失真且幅值最大时（　　）。

A. 晶体管得到最大功率

B. 电源提供的最大功率

C. 负载上获得最大交流功率

D. 晶体管的最大耗损功率

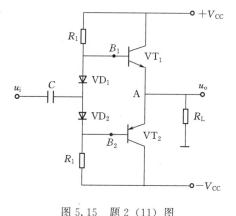

图 5.15　题 2（11）图

（13）甲类功放效率低是因为（　　）。

A. 只有一个功放管　　　　　B. 静态电流过大　　　　　C. 管压降过大

（14）功放电路的效率主要与（　　）有关。

A. 电源供给的直流功率　　　B. 电路输出最大功率　　　C. 电路的工作状态

3. 如何区分三极管工作在甲类、乙类、甲乙类工作状态？功率放大电路采用甲乙类工作状态的目的是什么？

4. OTL 电路和 OCL 电路有哪些主要的区别？使用中应该注意哪些问题？

5. 图 5.16 所示为一种甲类功放，设三极管的各极限参数足够大，电流放大系数 $\beta = 30$，$U_{BE} = 0.7V$。饱和压降 $U_{CES} = 1V$，输入为正弦信号。

（1）求电路的最大不失真输出功率 P_{om}。此时 R_b 应调整到什么数值？

（2）求此时电路的效率 $\eta=$？

6. 互补对称功放电路如图 5.17 所示，试求：

（1）忽略三极管的饱和压降 U_{CES} 时的最大不失真输出功率 P_{om}。

（2）若设饱和压降 $U_{CES}=1V$ 时的最大不失真输出功率 P_{om}。

7. 功放电路如图 5.17 所示，设输入为正弦信号，$R_L=8\Omega$，要求最大输出功率 $P_{om}=$ 9W，忽略三极管的饱和压降 U_{CES}，试求：

（1）正、负电源 V_{CC} 的最小值。

（2）输出功率最大（$P_{om}=9W$）时，电源供给的功率 P_E。

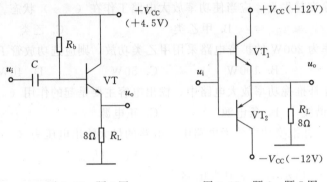

图 5.16 题 5 图　　　图 5.17 题 6、题 7 图

8. 互补对称功放电路如图 5.18 所示，设三极管 VT_1、VT_2 的饱和压降 $U_{CES}=2V$。

（1）当 VT_3 管的输出信号 $U_{o3}=10V$ 有效值时，求电路的输出功率、管耗、直流电源供给的功率和效率。

（2）该电路不失真的最大输出功率和所需的 U_{o3} 有效值是多少？

（3）说明二极管 VD_1、VD_2 在电路中的作用。

9. 功放电路如图 5.19 所示，若要求在 16Ω 负载上输出 8W 的功率，试确定该电路这时的输出效率。

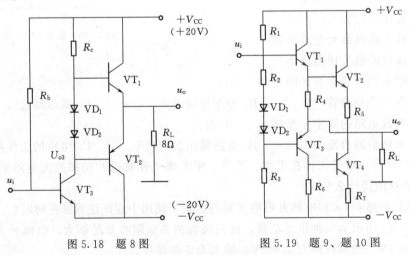

图 5.18 题 8 图　　　图 5.19 题 9、题 10 图

10. 对于图 5.19 所示的功放电路，试回答下列问题：

（1）该电路属于哪种功放电路？

（2）该电路的工作状态如何？如果输出信号出现交越失真，调整哪个元件？

（3）设 $\pm V_{CC}=\pm 15V$，$R_4=R_6=220\Omega$，$R_5=R_7=0.5\Omega$，$R_L=8\Omega$，计算出电路的最大不失真输出功率 P_{om}。

11. 在如图 5.20 所示的单电源互补对称电路中，设 $V_{CC}=20V$，$R_L=8\Omega$，VT_1、VT_2 的饱和压降 $U_{CES}=1V$，试回答下列问题：

（1）静态时，电容 C_2 两端的电压应是多少？

（2）动态时，若出现交越失真，应调整哪个元件？如何调整？

（3）计算出电路的最大不失真输出功率 P_{om} 和效率 η。

12. 集成运放做前置级的功放电路如图 5.21 所示，设 $\pm V_{CC}=\pm 15V$，VT_1、VT_2 的饱和压降 $U_{CES}=1V$，$R_L=8\Omega$，集成运放的最大不失真输出电压幅值 $U_{OA}=\pm 15V$。

（1）计算电路的最大不失真输出功率 P_{om} 和效率 η。

（2）若 $U_i=100mV$ 有效值，$R_1=1k\Omega$，$R_F=49k\Omega$，计算电路的输出功率。

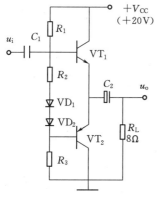

图 5.20　题 11 图

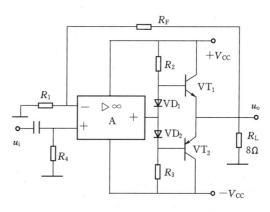

图 5.21　题 12 图

13. OCL 功放电路如图 5.22 所示，设 $\pm V_{CC}=\pm 20V$，VT_4、VT_5 的饱和压降可以忽略，$R_L=8\Omega$，$R_B=5k\Omega$，$R_f=100k\Omega$，试计算：

（1）当 $U_i=0.5V$ 有效值时，电路的输出功率、管耗、直流电源供给的功率和效率。

（2）当管耗最大时，电路的输出功率和效率。

14. 如图 5.23 所示是一种功放电路，试问：

（1）VT_1、VT_2、VT_3 各三极管的作用和工作状态是怎样的？

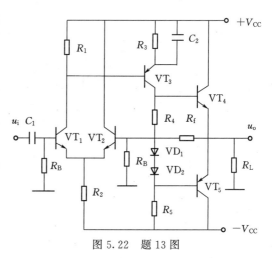

图 5.22　题 13 图

（2）静态时 R_L 上的电流值是多少？

（3）VD_1、VD_2 的作用是什么？若一只极性接反，会出现什么问题？

15．一个用集成功放 LM384 组成的功率放大器如图 5.24 所示，已知电路在通带内的电压增益为 40dB，在 $R_L=8\Omega$ 时不失真的最大输出电压（峰-峰值）可达 18V，求当输入为正弦信号时：

（1）最大不失真输出功率 P_{om}。

（2）输出功率最大时的输入电压有效值。

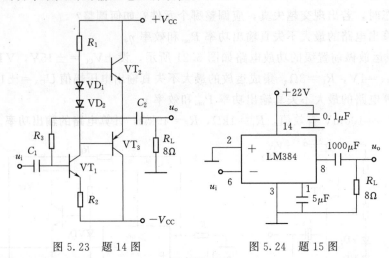

图 5.23　题 14 图　　　　　　　图 5.24　题 15 图

16．用集成功放 TDA2030 组成的功率放大器如图 5.25 所示，忽略输出级三极管的饱和压降，输入为正弦信号。

（1）指出该电路是属于 OTL 还是 OCL 电路。

（2）求理想情况下的最大不失真输出功率 P_{om}。

（3）求电路输出级的效率 η。

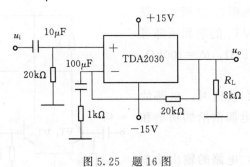

图 5.25　题 16 图

模拟集成电路的分析与制作

在实际电路中，我们经常要对信号进行一些处理，例如对信号的运算、滤波、比较及转换等，相应的这些信号处理电路是集成运算放大电路的应用之一，因此学习集成运算放大电路及由其构成的各种信号处理电路具有实际的应用意义。

教学目的和要求

通过本课题的学习，了解集成运算放大电路的特点和工作方式，认识并掌握利用集成运放所构成的一些信号处理电路，并能够对这些信号处理电路进行分析和计算。

1. 能力目标要求

（1）认识集成运算放大电路的外形及符号，掌握其特点和工作方式。

（2）能够根据电路原理图搭建或制作信号处理电路，掌握电路的调试方法。

（3）能使用模拟集成电路设计逻辑测试器电路。

（4）掌握电路的安装调试与故障检测排除方法，提高实际操作能力。

2. 知识目标要求

（1）理解集成运算放大电路"虚短"和"虚断"的概念，掌握其特点和工作方式。

（2）了解反馈放大电路的基本构成、负反馈放大器对电路性能的影响。

（3）理解反馈及深度负反馈的概念。熟悉负反馈的极性判断、类型以及 4 种组态类型。

（4）了解集成运放的基本组成及主要参数的意义。

（5）熟悉集成运放电路的原理及在实际中的应用。

（6）了解滤波电路的作用和分类，理解滤波电路的工作原理，能根据需要合理选择滤波电路。

（7）了解电压电流转换电路的组成及作用，掌握其工作原理。

（8）熟悉集成运算放大器的线性应用与非线性应用。

任务 6　电冰箱冷藏室温控器的分析与调试

6.1　任务目的

（1）了解电冰箱温控电路的基本结构。

（2）了解集成运算放大器的基本构成、工作特点。

（3）体会用集成运算放大器控制电冰箱冷藏室温度上限温度和下限温度的方法。

（4）进一步掌握继电器与三极管放大电路的结合使用和掌握反馈在电冰箱系统中的应用。

6.2　电路设计与分析

冷藏室温控器由温度检测电路、温度控制电路和输出电路组成，如图 6.1 所示。

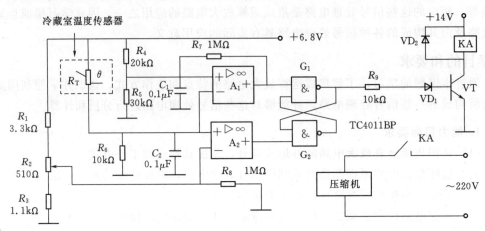

图 6.1　电冰箱冷藏室温控器电路原理图

冷藏室温度传感器的热敏电阻 R_T，其阻值随温度升高而减小，随温度降低而增大。由电阻 R_1、R_2 和 R_3 组成电冰箱温度下限控制电路，由电阻 R_4、R_5 组成电冰箱温度上限控制电路，由集成运放 A_1、A_2 和与非门 G_1、G_2 组成电压比较及转换输出电路，由继电器 KA 和三极管 VT 组成电冰箱压缩机运转控制电路。

6.3　相关理论知识

6.3.1　反馈的基本概念

6.3.1.1　开环放大器或基本放大器

图 6.2 是一个放大器电路，放大器件为集成运放，具有两个输入端和一个输出端。在两个输入端中，一个是同相输入端，标注"＋"，表示输出电压与之同相；另一个为反相输入端，标注"－"号，表示输出电压与之反相。"A"为运放标志；"∞"表示理想情况下运放的差模输入电阻为无穷大。基本放大器具有单向性的特点，信号只有从输入到输出一条通路，没有从输出到输入的通路。这种放大器就叫作开环放大器或基本放大器。

6.3.1.2　闭环放大器

为了改善基本放大器的性能，从基本放大器的输出端到输入端之间接入一个电阻 R〔图 6.3（a）〕则在输入和输出间就引入了一条反向的信号通路，构成这条通路的网络叫作反馈网络（R），这个反向传输的信号叫作反馈信号。由基本放大器和反馈网络构成的

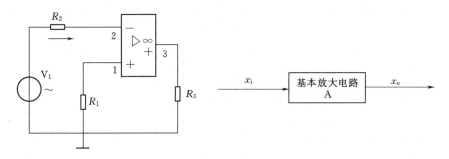

图 6.2　开环放大器及其框图

放大器叫作闭环放大器或反馈放大器。所谓"反馈"，就是通过一定的电路形式（即反馈网络，一般由电阻或电容等元件组成），将放大电路输出量（电压或电流）的一部分或全部，反向送回到输入端，来影响原输入量（电压或电流）的过程称为反馈。因此要判断一个放大电路是否有反馈，只要看放大电路是否存在把输出端和输入端联系起来的通路，这个通路就是反馈通路。这样，电路输入端的实际信号不仅有信号源直接提供的信号，还有输出端反馈回输入端的反馈信号。由于放大电路与反馈网络组成一个回环，所以我们称引入了反馈的放大电路称为反馈放大器，也称闭环放大器。具有反馈的放大电路及其方框图如图 6.3 所示。

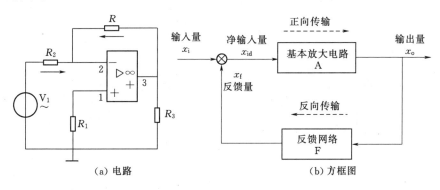

图 6.3　闭环放大器电路及其框图

　　反馈在电子技术中是普遍存在的，如图 6.4 所示的电路就是利用反馈控制原理组成的使静态工作点稳定的分压式射极偏置电路。

　　在电路中，电阻 R_{B1} 和 R_{B2} 分压，使基极电位基本固定，然后通过射极电阻 R_E 两端的电压来反映集电极电流的大小和变化，采取这种措施可使电路的静态工作电流保持稳定。

　　例如，当环境温度上升使三极管的静态集电极电流 I_{CQ} 增大，I_{EQ} 也随之增大，则 $U_{EQ}=I_{EQ}R_E$ 也增加。由于固定了 U_{BQ}，加在基极和发射极之间的电压 $U_{BEQ}=U_{BQ}-U_{EQ}$ 将随之减小，从而使

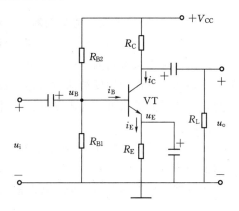

图 6.4　静态工作点稳定电路

I_{BQ} 减小，I_{CQ} 也随之减小，这样就牵制了 I_{CQ}，I_{EQ} 的增加，使用它们基本上不随温度而改变。其关系如下式表示：

$$T(\mathrm{℃})\uparrow\to I_{\mathrm{CQ}}\uparrow\to I_{\mathrm{E}}\uparrow\to U_{\mathrm{Re}}\uparrow\to U_{\mathrm{BE}}(=U_{\mathrm{B}}-U_{\mathrm{Re}})\downarrow\to I_{\mathrm{B}}\downarrow$$
$$I_{\mathrm{CQ}}\downarrow\longleftarrow$$

在图 6.4 中放大电路的输出量是电流 I_{CQ}，利用 I_{EQ}（$\approx I_{\mathrm{CQ}}$）在 R_{E} 上产生的压降把输出量反送到放大电路的基极回路，改变了 U_{BEQ}，使 I_{CQ} 基本稳定，上述负反馈的结果抑制了温度变化引起的静态工作点漂移，使静态工作点稳定，简单理解就是对集电极电流变化量的抑制作用。这就是负反馈改善放大器性能的一个例子。

在实际的电子电路中，不仅需要直流负反馈来稳定静态工作点，更需要引入交流负反馈实现对交流性能的改善。

6.3.2　反馈的分类

从反馈的定义来看，一个电路中是否有反馈，一般有以下两种情况：一种情况是有反馈支路一端接于放大电路的输出端，另一端接于放大电路的输入端，用以将输出信号送回输入端，如图 6.5（a）中的反馈电阻 R_{f}；另一种情况是有反馈支路同时处于放大电路的输入回路和输出回路中，如图 6.5（b）中的射极电阻 R_{E}，由于射极电阻 R_{E} 上既有输入信号又有输出信号，因此，R_{E} 本身就已经担当了将输出信号送回输入端的作用。

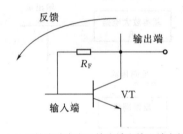
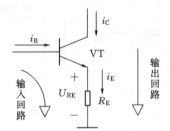

（a）反馈支路存在于输出端和输入端之间　　　　（b）反馈支路同时存在于输入和输出回路之间

图 6.5　电子电路中常见的两种反馈形式

6.3.2.1　按反馈的极性分类及判断

反馈到输入回路的信号称为反馈信号。

对反馈可以从不同的角度进行分类。按反馈信号对输入信号作用的不同（极性）可分为正反馈和负反馈；按反馈信号与输出信号的关系可分为电压反馈和电流反馈；按反馈信号与输入信号的关系可分为串联反馈和并联反馈；按反馈信号的成分又可分为直流反馈和交流反馈。

负反馈：反馈信号 x_{f} 削弱原来输入信号 x_{i}，使放大倍数 $|A|$ 下降，多用于改善放大器的性能。

正反馈：反馈信号 x_{f} 加强原来输入信号 x_{i}，使放大倍数 $|A|$ 上升，多用于振荡电路。

它们的框图如图 6.6 所示。

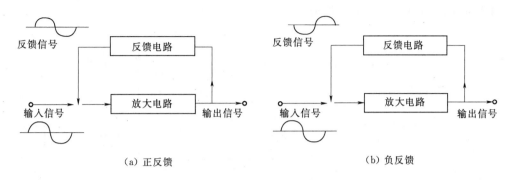

图 6.6　正负反馈框图

在进行反馈极性分析前，我们先来了解一下晶体管各极电位的变化规律。

对晶体管而言，不管是 PNP 还是 NPN，其各个电极的电位会遵循以下规律变化：

（1）晶体管基极的电位变化时，发射极的电位变化与基极同相。即基极电位上升（下降）时，发射极的电位也跟着上升（下降）。

（2）晶体管基极的电位变化时，集电极的电位变化与基极反相。即当基极电位上升（下降）时，集电极的电位是跟着下降（上升）。

（3）晶体管发射极电位变化时，集电极的电位变化与发射极相同。即当发射极电位上升（下降）时，集电极电位也跟着上升（下降），如图 6.7 所示。

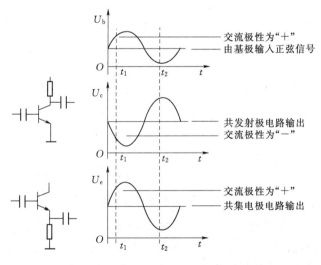

图 6.7　三极管三个电极间的信号极性的确定

判断电路的反馈极性我们一般用瞬时极性法：先将反馈支路在适当的地方断开（一般是在反馈支路与输入回路的连接处），再假定输入信号为某一瞬时极性（一般设为对地为正的极性），然后再根据各级输入、输出之间的相位关系，依次推断其他有关各点受瞬时输入信号作用所呈现的瞬时极性［用（＋）或（↑）表示升高，（－）或（↓）表示降低］，最后看反馈到输入端的作用是加强了还是削弱了净输入信号。使净输入信号加强的为正反馈，削弱的为负反馈。

【例 6.1】 判断图 6.8 的反馈极性。

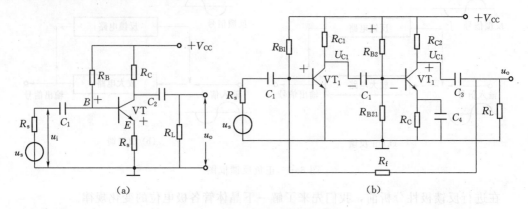

图 6.8　反馈极性的判断

解： 图 6.8 （a）设在基极输入 "＋"，由管子的工作原理知 i_E 增大，故反馈回输入回路的量 $u_f = i_E R_E$ 也上升，即 u_{RE} 也为 "＋"，净输入量为 u_{BE} 将受到 u_{RE} 的影响而下降，故为负反馈放大电路。

图 6.8 （b）在 VT_1 输入信号 "＋"，经 VT_1 组成的共发射极放大电路反向一次，即 u_{C1} 为 "－"，它作为第二级 VT_2 组成的共发射极放大电路的输入信号，再反相一次，可知 u_o 为 "＋"，经 R_f 反馈回第一级输入回路，它将使净输入信号增加，故为正反馈。

【例 6.2】 判断图 6.9 的反馈极性。

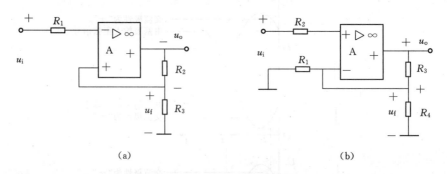

图 6.9　反馈极性的判断

解： 在 6.9 （a）中假设加上一个瞬时极性为正的输入电压。因输入电压加在集成运放的反相输入端，故输出电压的瞬时极性为负，而反馈电压的由输出电压经电阻 R_2、R_3 分压后得到，因此反馈电压的瞬时极性也是负，但集成运放的差模输入电压等于输入电压与反馈电压之差，可见反馈电压增强了输入电压的作用，使放大倍数提高，因此是正反馈。

在图 6.9 （b）中，输入电压加在集成运放的同相输入端，当其瞬时极性为正时，输出电压的瞬时极性也为正，输出端通过电阻 R_3、R_4 分压后交反馈电压引回到集成运放的反相输入端，此反馈信号将削弱外加输入信号的作用，使放大倍数降低，所以是负反馈。

图 6.10 给出了在几种常见的负反馈中 X_i 和 X_f 之间的瞬时极性关系。具体的三极管正负反馈如图 6.11 所示。

负反馈中 $X_{id} = X_i - X_f$

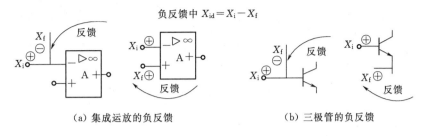

(a) 集成运放的负反馈　　　　　　　　(b) 三极管的负反馈

图 6.10　负反馈时 X_i 和 X_f 之间的瞬时极性关系

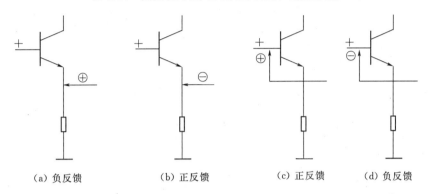

(a) 负反馈　　　　(b) 正反馈　　　　(c) 正反馈　　　　(d) 负反馈

图 6.11　三极管正负反馈的示意图

(注：图中的＋和－表示输入信号的瞬时极性，⊕和⊖表示反馈信号经过
反馈网络回到输入端的极性。)

分析说明：①输入信号和反馈信号加在不同电极上，符号相同，故为负反馈；②输入信号和反馈信号加在不同电极上，符号相反，故为正反馈；③输入信号和反馈信号加在同一个电极上，符号相同，故为正反馈；④输入信号和反馈信号加在同一个电极上，符号相反，故为负反馈。

由［例 6.1］和［例 6.2］的判断过程可看出，放大电路输入、输出电压相位关系，对判断正、负反馈十分重要。由于负反馈对放大器性能才有改善，而正反馈使放大器性能变坏，所以正、负反馈的判别一定要掌握好。

一般来说，如果要求稳定放大电路中某个电量，一般采用负反馈的方式。负反馈虽然损失了放大倍数，但能使其他各项性能得到改善，因此在电路中经常被采用。有时也用正反馈方式来获得较高的放大倍数，但要注意，正反馈太强将会使电路产生振荡。

6.3.2.2　交流反馈与直流反馈

交流反馈与直流反馈是按照反馈信号的成分来划分的。放大电路中存在着直流分量和交流分量，反馈信号也是如此。若反馈的信号仅有交流成分，则仅对输入回路中的交流成分有影响，这就是交流反馈；若反馈的信号仅有直流成分，则仅对输入回路中的直流成分有影响，这就是直流反馈。

直流反馈用于稳定放大电路的静态工作点，交流反馈则用于改善放大器的交流性能。图 6.12 给出了交流反馈和直流反馈的例子，图 6.12（a）为交流反馈，因为反馈电容 C_F 对直流信号相当于开路，所以不能反馈直流信号；图 6.12（b）为直流反馈，由于射极电容 C_E 对交流信号短路，所以在交流通路中，反馈支路 R_F 被短路，三极管的发射极相当于直接接地，交流反馈是不存在的；图 6.12（c）中的反馈电阻 R_F 可以同时反馈交流和直流信号，为交流、直流反馈。

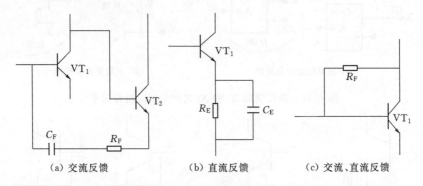

（a）交流反馈　　　　　　（b）直流反馈　　　　　　（c）交流、直流反馈

图 6.12　交流反馈和直流反馈

6.3.2.3　电流反馈和电压反馈

这是按照反馈信号与输出信号之间的关系来划分的。若反馈信号与输出电压成正比，就是电压反馈；与输出电流成正比，就是电流反馈。从另一个角度说，看反馈是对输出电压采样还是对输出电流采样，对应地分别称为电压反馈和电流反馈。显然，作为采样对象的输出量一旦消失，则反馈信号也必然随之消失。

判断是电压反馈还是电流反馈的常用办法是负载电阻短路法（亦称输出短路法）。这种办法是假设将负载电阻 R_L 短路，也就是使输出电压为零。此时若原来是电压反馈，则反馈信号一定随输出电压为零而消失；若电路中仍然有反馈存在，则原来的反馈应该是电流反馈。

按电路结构也可用来判断电流、电压反馈。电流反馈采样取自于输出电流 i_o，因此，取样电路（反馈网络与输出端的连接）是串接在输出回路，故反馈端与输出端不为同一电极；电压反馈采样取自于输出电压 u_o，故反馈网络是并接在输出回路，反馈端与输出端为同一电极。显然，电流反馈、电压反馈与输出端有关，同一电极引出的反馈，输出端不同，反馈形式也就不相同。

三极管和运算放大器中电压反馈和电流反馈的连接方式分别如图 6.13 和图 6.14 所示。

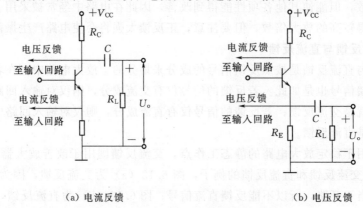

（a）电流反馈　　　　　　　　　　　　（b）电压反馈

图 6.13　三极管中的电压反馈和电流反馈连接方式

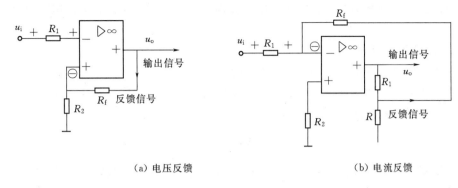

（a）电压反馈　　　　　　　　（b）电流反馈

图 6.14　运算放大器中的电压反馈和电流反馈

电压反馈的重要特性是能稳定输出电压。无论反馈信号是以何种方式引回到输入端，实际上都是利用输出电压 u_o 通过反馈网络来对放大电路起自动调整作用的，这是电压反馈的实质。

电流反馈的重要特点是能稳定输出电流。无论反馈信号是以何种方式引回到输入端，实际都是将利用输出电流 i_o 通过反馈网络来对放大器起自动调整作用的，这就是电流反馈的实质。

6.3.2.4　串联反馈与并联反馈

串联反馈与并联反馈是按照反馈信号在输入回路中与输入信号相叠加的方式不同来分类的。反馈信号反馈至输入回路，与输入信号有两种叠加方式：串联和并联。

串联反馈。反馈信号以电压形式串接在输入回路中，以电压形式叠加决定净输入电压信号，即 $u'_{id} = u_i - u_f$。从电路结构上看，反馈电路与输入端串接在输入回路，换句话，反馈端与输入端不在三极管同一极，如图 6.15 所示。

并联反馈。反馈信号是并接在输入回路中，以电流形式在输入端叠加决定净输入电流信号，即 $i'_{id} = i_i - i_f$。从电路结构上看，反馈电路与输入端在三极管同一极，如图 6.15 所示。

串联、并联反馈对信号源内阻 R_S 的要求是不同的。为使反馈效果好，串联反

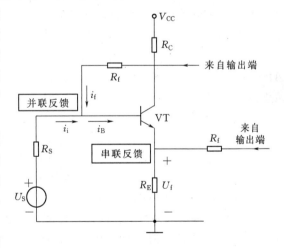

图 6.15　共射串联反馈和并联反馈的区别

馈要求 R_S 越小越好，当 R_S 太大则串联效果趋于零。并联反馈则要求 R_S 越大越好，当 R_S 太小则并联效果趋于零。

*6.3.3　负反馈放大器的四种组态

根据以上分析可知，实际放大电路中的反馈形式是多种多样的，在这里我们将主要讨论其中的负反馈电路。这样，将输出端采样与输入端叠加两方面综合考虑，实际的负反馈

放大器可以分为4种基本类型：电压串联负反馈、电压并联负反馈、电流串联负反馈、电流并联负反馈。

6.3.3.1 反馈的一般表达式

反馈放大电路的方框图如图6.16（b）所示。

（1）开环放大倍数。电路没有加入反馈支路时的放大倍数称为开环放大倍数（又称开环增益），通常用A来表示。

$$A = \frac{X_o}{X'_{id}} \tag{6.1}$$

（2）反馈系数。反馈信号与输出信号的比值称为反馈系数，我们用F来表示。则

$$F = \frac{X_f}{X_o} \tag{6.2}$$

如果反馈电路是负反馈，则$F > 1$，若$F \gg 1$，则说明负反馈信号越大，抵消输入信号越多，则送入基本放大电路的净输入量X_{id}越小，此时，输出信号X_o越小，电路的增益下降。

（3）闭环放大倍数。电路引入了反馈后的放大倍数称闭环放大倍数，我们通常用A_f来表示。

$$A_f = \frac{X_o}{X_i} = \frac{X_o}{X_{id} + X_f} = \frac{AX_{id}}{X_{id} + X_o F} = \frac{AX_{id}}{X_{id} + AX_{id}F} = \frac{A}{1 + AF} \tag{6.3}$$

式（6.3）就是放大电路引入反馈后的一般表达式。

1）在式（6.3）中，若$|1+AF| > 1$，则$|A_f| < |A|$说明引入反馈后使放大倍数比原来减小，这种反馈称为负反馈；反之若$|1+AF| < 1$，则$|A_f| > |A|$说明引入反馈后使放大倍数比原来增大，这种反馈称为正反馈。

2）式（6.2）反映了反馈放大电路的基本关系，也是分析反馈问题的出发点。（$1+AF$）是描述反馈强弱的物理量，称为反馈深度，它是反馈电路定量分析的基础，是衡量负反馈程度的重要指标。若（$1+AF$）$\gg 1$，则称为深度负反馈。

此时式（6.2）可简化为

$$A_f = \frac{X_o}{X_{id}} = \frac{A}{1 + AF} = \frac{1}{F} \tag{6.4}$$

式（6.4）表明，在深度负反馈条件下，闭环放大倍数A_f基本上等于反馈系数F的倒数。即深负反馈放大电路的放大倍数A_f几乎与放大网络的放大倍数A无关，而主要决定于反馈网络的反馈系数F。因而，即使由于温度等因素变化而导致放大网络的放大倍数发生变化，只要F的值一定，就能保持闭环放大倍数稳定，这是深负反馈放电路的一个突出优点。实际的反馈网络常常由电阻等元件组成，反馈系数通常决定于某些电阻值之比，基本上不受温度等因素的影响。在设计放大电路时，为了提高稳定性，往往选用开环电压增益很高的集成运放，以便引入深度负反馈。

3）在式（6.4）中，如果分母$1+AF=0$，即$AF=-1$，则$A_f=\infty$，说明$X_{id}=0$时，$X_o \neq 0$。此时放大电路虽然没有外加输入信号，但有一定的输出信号，放大电路的这种状态称为自激振荡。

由于电路引入负反馈时，$F > 1$，它输出的信号X_o比未引入反馈的时候小，所以，引

入反馈后电路的增益比没有反馈的时候小。即闭环放大倍数 A_f 比开环放大倍数 A 小。

负反馈虽然降低了放大倍数，却使放大电路许多方面的性能得到改善，所以不管是集成运放或是分立元件的放大电路，在实际线性应用中都要引入负反馈。正反馈虽然使放大倍数增大，但却会使放大电路变得不稳定，出现自激等情况。对于放大电路来说，放大倍数的下降可以通过增加级数来弥补，但不稳定的电路是不能正常工作的，因此在放大电路中引入的都是负反馈，而不能引入正反馈。

6.3.3.2　负反馈的四种组态

下面结合具体电路对 4 种组态进行分析。

1. 电压串联负反馈

电压串联负反馈电路如图 6.16（a）所示，为一个两级 RC 耦合放大电路。

该电路输出电压 u_o 通过电阻 R_f 和 R_{e1} 分压后送回到第一级放大电路的输入回路。当 $u_o=0$ 时，反馈电压 u_f 就消失了，所以是电压反馈。由于在输入回路中，输入信号 u_i 和反馈信号 u_f 是串联的，故是串联反馈。用瞬时极性法判别其正、负反馈：输入"＋"信号，经两级反相后 u_o 也是"＋"，经 R_f、R_{E1} 分压后使 VT_1 管的射极电压也上升，削弱了输入信号的作用，所以是负反馈。

为了便于分析引入反馈后的一般规律，常常利用方框图来表示各种组态的负反馈。电压串联负反馈组态方框图如图 6.16（b）所示。图中有两个方框，上面的方框表示不加反馈时的放大网络，下面的方框表示反馈网络。反馈电压从放大电路的输出端根据输出电压采样而得到，然后在输入回路中与外加输入电压相减后得到净输入电压。

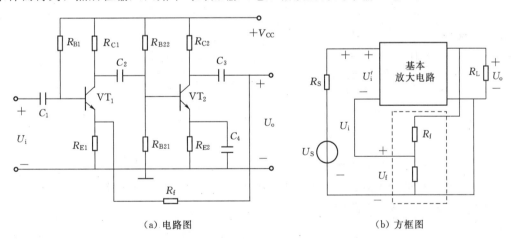

（a）电路图　　　　　　　　　（b）方框图

图 6.16　电压串联负反馈电路

串联电压负反馈的放大倍数与电压有如下关系，因为输出是电压，反馈回来的是以电压形式加在输入端，故基本电路的放大倍数（开环放大倍数）为

$$A_u=\frac{u_D}{u_i}（电压放大倍数）\tag{6.5}$$

反馈系数为

$$F_u=\frac{u_f}{u_o}\tag{6.6}$$

闭环放大倍数为

$$A_{uf} = \frac{A_u}{1 + F_u A_u} \tag{6.7}$$

此式说明串联电压负反馈的闭环电压放大倍数是开环电压放大倍数的 $1/(1 + F_u A_u)$ 倍。

由于是电压负反馈，所以它对输出电压有稳定作用。当 u_i 为某一固定值时，由于三极管参数或负载电阻的变化使 u_o 减小，则 u_f 也随之减小，结果使净输入电压 $u_i' = u_i - u_f$ 增大，因而 u_o 将增加，故电压负反馈使 u_o 基本不变。用下述方法可描述上述过程。

$$R_L \downarrow \rightarrow u_o \downarrow \rightarrow u_f \downarrow \rightarrow u_i' \uparrow$$
$$u_o \uparrow$$

2. 电流串联负反馈

电流串联负反馈电路如图 6.17（a）所示。该电路实际上是一个工作点稳定电路。发射极的电阻 R_f 将输出回路的电流 i_E 送回到输入回路中去。当将输出端短路（即 $u_o = 0$）时，仍有电流流过 R_f，反馈仍存在，所以是电流反馈。反馈极性判断，仍采用瞬时极性法。输入为 "+" 时，电流增大，R_f 上电压增大，故 u_E 上升，它抵消了输入信号的作用，因此是负反馈。

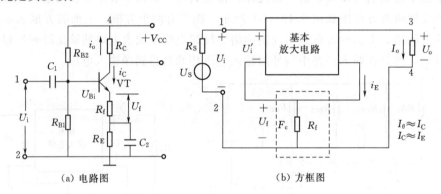

(a) 电路图　　　　　　　　　(b) 方框图

图 6.17　电流串联负反馈电路

电流串联负反馈的方框图如图 6.17（b）所示。

串联电流负反馈放大倍数的关系如下：因为输出是电流，反馈电路是以电压形式在输入回路叠加，故基本放大电路的放大倍数为

$$A_g = \frac{i_o}{u_{id}} (互导放大倍数, 电导量纲) \tag{6.8}$$

$$F_r = \frac{u_f}{i_o} (电阻量纲) \tag{6.9}$$

$$A_{gf} = \frac{A_g}{1 + F_r A_g} \tag{6.10}$$

串联电流负反馈的闭环放大倍数是开环放大倍数的 $\dfrac{1}{1 + F_r A_g}$ 倍。

由于是电流负反馈，所以稳定了输出电流。比如更换三极管或温度变化，使三极管的 β 值增大，则输出电流 i_o（或 i_e）将增大，u_f 也随之增大，结果使净输入 u_i' 下降，使输出

电流下降，也就使得 i_o 基本保持不变。即

$$\beta \uparrow \rightarrow i_o \uparrow \rightarrow u_f \uparrow \rightarrow u'_i \downarrow \rightarrow i_B \downarrow$$
$$i_o \downarrow$$

3. 电压并联负反馈

如图 6.18（a）所示，电压并联负反馈实质是一个共发射极基本放大电路，在 c、b 极间接入电阻 R_f 引入反馈。按前面判断反馈类型的方法来判断反馈的组态。该电路从输出回路看，反馈的引出端与电压输出端是三极管同一极，故为电压反馈；从输入回路看，反馈引入点与信号输入端为三极管同一极，故为并联反馈。用瞬时极性判断法来判断是正反馈还是负反馈，输入信号"＋"，反馈的作用使同一点为"－"，故削弱了输入信号的作用，为负反馈。方框图如图 6.18（b）所示。

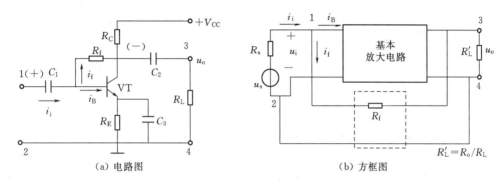

（a）电路图　　　　　　　　　　　　　　　（b）方框图

图 6.18　电压并联负反馈放大电路

并联电压负反馈的放大倍数关系如下：

由于是电压负反馈：$X_o = u_o$。

由于是并联负反馈，输入回路的电流叠加关系讨论较方便、直观，故

$$X_f = i_f \qquad X_i = i_i \qquad X'_i = i'_i = i_B$$

所以，开环放大倍数

$$A_r = \frac{u_o}{i'_i}（互阻放大倍数,电阻量纲） \tag{6.11}$$

$$F_g = \frac{i_f}{u_o}（电导量纲） \tag{6.12}$$

闭环放大倍数

$$A_{rf} = \frac{A_r}{1 + F_g A_r} \tag{6.13}$$

由于是电压负反馈，与前面的分析一样，它稳定了输出电压。

4. 电流并联负反馈

电流并联负反馈电路如图 6.19（a）所示，反馈通过电阻 R_f，从输出级的发射极引入到输入级的基极。由于反馈的引出端与输出电压端不是三极管同一极，故为电流反馈；反馈引入端与输入信号端为三极管同一极，故为并联反馈。按瞬时极性法判断是负反馈。

同样，由于是电流负反馈，所以稳定输出电流。并联电流负反馈的放大倍数关系如下：

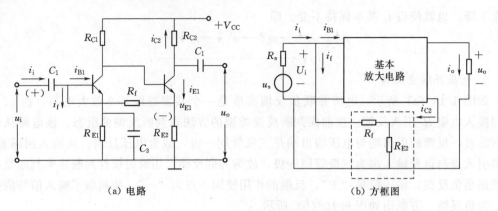

(a) 电路 　　　　　　　　　　　　 (b) 方框图

图 6.19　电流并联负反馈放大电路

由于是电流负反馈：$X_o = i_o$。

由于是并联负反馈，所以

$$X_i = i_i \qquad X_i' = i_i' = i_{B1} \tag{6.14}$$

故开环放大倍数为

$$A_i = \frac{i_o}{i_i'}（电流放大倍数） \tag{6.15}$$

$$F_i = \frac{i_f}{i_o} \tag{6.16}$$

闭环放大倍数

$$A_{if} = \frac{A_i}{1 + F_i A_i} \tag{6.17}$$

综合上述，以上 4 种不同组态的反馈电路其放大倍数具有不同的量纲，有电压放大倍数，电流放大倍数，也有互阻放大倍数和互导放大倍数。绝不能都认为是电压放大倍数，为了严格区分这 4 种不同含义的放大倍数，在用符号表示时，加上了不同的脚注，相应地，4 种不同组态的反馈系数也用不同的下标表示出来。为便于比较，将它们列于表 6.1。

表 6.1　　　　　　　　　　　　4 种反馈组态下 A、F 和 A_f 的不同含义

反馈方式	串联电压型	并联电压型	串联电流型	并联电流型
输出量 X_o	u_o	u_o	i_o	i_o
输入量 X_i、X_f、X_i'	u_i、u_f、u_i'	i_i、i_f、i_i'	u_i、u_f、u_i'	i_i、i_f、i_i'
开环放大倍数 $A = \dfrac{X_o}{X_i}$	$A_u = \dfrac{u_o}{u_i}$	$A_r = \dfrac{u_o}{i_i'}$	$A_g = \dfrac{i_o}{u_i'}$	$A_i = \dfrac{i_o}{i_i'}$
反馈系数 $F = \dfrac{X_f}{X_o}$	$F_u = \dfrac{u_f}{u_o}$	$F_g = \dfrac{i_f}{u_o}$	$F_r = \dfrac{u_f}{i_o}$	$F_i = \dfrac{i_f}{i_o}$
闭环放大倍数 $A_f = \dfrac{u_o}{u_i} = \dfrac{A}{1+AF}$	$A_{uf} = \dfrac{A_u}{1+F_u A_u}$	$A_{rf} = \dfrac{A_r}{1+F_g A_r}$	$A_{gf} = \dfrac{A_g}{1+F_r A_g}$	$A_{if} = \dfrac{A_i}{1+F_i A_i}$

【例 6.3】 判断如图 6.20 所示电路的反馈类型和性质。

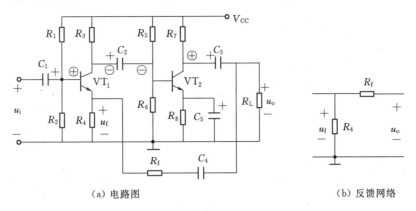

（a）电路图　　　　　　　　（b）反馈网络

图 6.20　反馈实例 1

解： 要确定一个放大器中有没有反馈，就要观察有没有能把输出端和输入端连接起来的网络。在本电路中，电阻 R_4 和 R_f 能把输出端交流信号返回到输入端，故本电路中存在交流信号的反馈。C_4 是隔直电容，对交流可看作短路。

将负载 R_L 假想短路，R_f 右端接地，就不能把输出信号反馈到输入端去，所以反馈作用消失，故本电路是电压反馈。若去掉 C_5，将 C_4 右端改接到 VT_2 发射极，则成为电流串联正反馈。请自己判断一下。

将放大器输入端假想短路（$u_i=0$），R_4 从 u_o 分到的电压仍能对放大器输入端产生作用，即反馈不消失，所以是串联反馈。R_4 上的电压是反馈电压 u_f，三极管 VT_1 的 BE 结上的电压是基本放大器输入电压 u_i'。

下面用瞬时极性法判断反馈性质。假定放大器输入端电位瞬时上升（用表示，下降则用表示），在电路中形成下述反馈过程：

$$u_i(u_{B1})\uparrow \to u_i'\uparrow \to u_{C1}\downarrow \to u_o\uparrow \to u_{E1}(u_f)\uparrow \to u_i'\downarrow$$

可见是负反馈。整个电路的反馈是电压串联负反馈。

电路的反馈网络如图 6.20（b）所示。虽然输入信号也对 R_4 和 R_f 产生作用，但这里考虑的是"反馈"，所以只考虑输出端对输入端的作用。本电路的反馈系数为

$$F=\frac{反馈信号}{输出信号}=\frac{u_f}{u_o}$$

由于是电压反馈，所以输出信号取 u_o 而不取 i_o；由于是串联反馈，反馈信号是 u_f 而不是 i_f。

$$u_f=\frac{R_4}{R_4+R_f}u_o \quad F=\frac{R_4}{R_4+R_f}$$

【例 6.4】 判断图 6.21 所示电路的反馈类型和性质。

解： 放大器输出电流原来的意义是指流过负载的电流。但如图 6.21（b）所示的这种从三极管集电极输出的电路，由于负载上的电流和三极管集电极电流同步变化，所以在不致造成混乱的情况下，把三极管集电极电流作为输出电流。

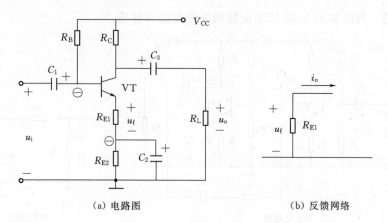

(a) 电路图　　　　　　　　　　　　(b) 反馈网络

图 6.21　反馈实例 2

在图 6.21（a）电路中，输出电流 i_o 的变化，必然造成 R_{E1} 端电压的变化。而 R_{E1} 端电压的变化，又肯定对 VT 的 BE 结上的压降产生作用，即输出信号对输入端产生作用，所以存在着反馈。

将负载假想短路，i_o 仍旧流动，反馈依然存在，故是电流反馈。将放大器输入端对地假想短路，由 i_o 在 R_{E1} 上产生的电压仍能作用到三极管 BE 结上，反馈不消失，故是串联反馈，三极管 BE 结上电压是 u_i'。假定 u_i' 下降，则反馈过程如下：

$$u_i' \downarrow \rightarrow i_f \downarrow \rightarrow u_e \downarrow \rightarrow u_i' \uparrow$$

所以，这个电路中的反馈是负反馈。整个电路是电流串联负反馈。

对直流来说，R_{E1} 和 R_{E2} 的串联电阻有着与上述交流负反馈过程同样的反馈作用。这个直流反馈抑制三极管静态电流的变化，所以有稳定静态工作点的作用。图 6.21 中 R_4 和 R_8 也有同样的作用。一般来说，凡串接在三极管发射极的电阻都有直流电流负反馈作用，能够稳定静态工作点。

反馈系数
$$F = \frac{u_f}{i_o} = \frac{-i_o R_{o1}}{i_o} = -R_{e1}$$

其中，i_o 的正方向为从发射极流进，从集电极流出。

【例 6.5】　判断图 6.22 所示电路的反馈类型和性质。

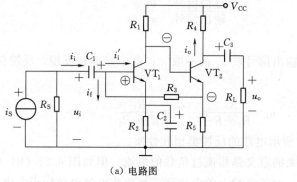

(a) 电路图　　　　　　　　　　　　(b) 反馈网络

图 6.22　反馈实例 3

解：输出端假想短路，输出电流仍然流动，经 R_3 和 R_5 分流后，R_3 上的电流对放大器输入端产生作用，故是电流反馈；将输入端假想短路，R_3 左端接地，反馈作用消失，故是并联反馈。

在判断并联反馈的极性时，把输入电流 I_i 看作常数，$i_f+i_i'=i_1$。三极管基极电流就是基本放大器输入电流 i_i'。判断过程如下：

$$u_i \uparrow \to i_i' \uparrow \to u_{C1} \downarrow \to i_{E2}(-i_o) \downarrow \to i_f \uparrow \to i_i' \downarrow$$

上述判断过程中，i_{e2} 的正方向为从三极管流出。当 i_{e2} 减小时，给 R_3 的分流减小，朝左流的电流减小，朝右流的 i_f 增大。所以，电路是负反馈。

还可以这样分析：$u_{C1} \downarrow \to u_{E2} \downarrow \to i_f \uparrow$。这是因为，$R_3$ 右端电位下降，所以 R_3 上朝右流的电流 i_f 增大。

这里，不能因 u_i 上升，直接得到 R_3 上的电流 i_f 上升。因为 R_3 上的电流同时受输入、输出信号的作用，由两部分组成。但这里只考虑"反馈"电流，是指只决定于输出信号的电流。所以，在用瞬时极性法判定正负反馈时，应该沿着基本放大器到输出端，再沿反馈网络返回输入端这样的途径来确定反馈极性。

由于 $i_f = -\dfrac{R_5}{R_3+R_5}i_{E2}$，所以反馈系数 $F=\dfrac{i_f}{i_o}=\dfrac{R_5}{R_3+R_5}$。

其中，i_o 的正方向是从三极管集电极向外流，而且 $i_o=-i_{E2}$。

【例 6.6】　判断图 6.23 所示电路的反馈类型和性质。

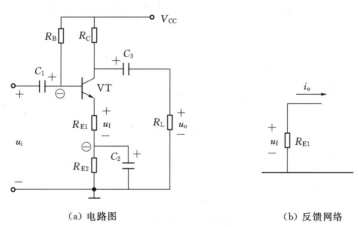

（a）电路图　　　　　　　　　　（b）反馈网络

图 6.23　反馈实例 4

解：输出端假想短路，传输反馈信号的 R_1 右端接地，反馈作用消失，故是电压反馈；将输入端对地假想短路，经 R_1 传输过来的反馈信号被短路，反馈作用消失，故是并联反馈。反馈极性的判定：

$$u_B \uparrow \to i_i' \uparrow \to u_C \downarrow \to i_f \uparrow \to i_i' \downarrow，故为负反馈。$$

由于 $i_f = \dfrac{u_o}{u_{R1}}$，所以反馈系数：$F=\dfrac{i_f}{u_o}=\dfrac{-u_o}{R_1}\cdot\dfrac{1}{u_o}=-\dfrac{i}{R_1}$。

6.3.4　负反馈对放大电路性能的影响

负反馈使放大电路的放大倍数下降，但由于它对放大电路的性能有改善，故它的应用十分广泛。负反馈对放大电路的性能的影响和改善主要有下面几点。

1. 提高放大电路工作的稳定性

由图 6.4 静态工作点稳定电路可知：引入直流负反馈，可稳定电路的静态工作点。引入交流负反馈，可稳定电路的增益，对应的输出量得到稳定。引入负反馈以后，由于某种原因造成放大器放大倍数变化时，负反馈放大器的放大倍数变化量只有基本放大器放大倍数变化量的 $\dfrac{1}{(1+AF)^2}$，放大器放大倍数的稳定性大大提高。

2. 减小非线性失真

由于电路中存在着非线性器件，所以即使输入信号 X_i 为正弦波，输出也不是正弦波，而会产生一定的非线性失真。引入负反馈以后，非线性失真将会减小。

以电压放大器为例，假定原放大电路产生了非线性失真如图 6.24（a）所示，引入电压负反馈前后的电路电压传输波形，负反馈的引入，使得电压增益下降，但同时也扩展了不失真放大下的输入电压允许范围，从而减小了放大电路输出波形的非线性失真，如图 6.24（b）所示。

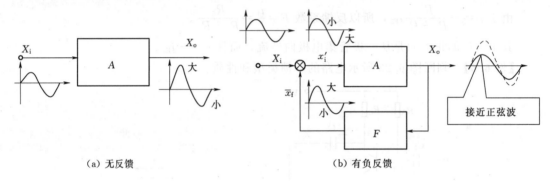

（a）无反馈 （b）有负反馈

图 6.24 负反馈减小非线性失真

3. 拓宽通频带

引入负反馈后通频带和中频放大倍数的变化情况如图 6.25 所示。

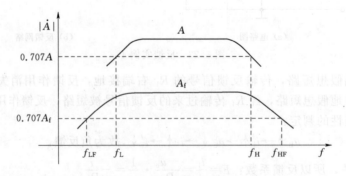

图 6.25 负反馈展宽频带

由此可见，负反馈的深度越深，则频带展得越宽，但同时中频放大倍数也下降得越多。

4．改变输入输出电阻

（1）输入电阻 R_i 的改变。负反馈对输入电阻的影响，只与反馈网络和基本放大器的连接方式有关，而与输出端的连接方式无关，即：串联负反馈使输入电阻增大。并联负反馈使输入电阻减小，如图 6.26 所示。

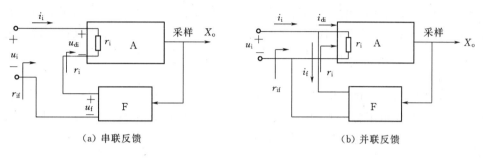

（a）串联反馈　　　　　　　　　　　　　　　（b）并联反馈

图 6.26　串联反馈和并联反馈对输入电阻的影响

（2）输出电阻 R_o 的改变。负反馈对输出电阻的影响取决于反馈网络与放大电路在输出端的连接方式，而与输入端的连接方式无关。即：电压负反馈使输出电阻减小。电流负反馈使输出电阻增大。

5．抑制了环内噪声

当负反馈放大器中的放大器件产生噪声时，可等效为基本放大器有一个噪声输入。那么，经过负反馈网络"回送"至输入端的反馈信号中也就包含有反相的噪声，实现了补偿作用，削弱和抑制了环内所产生的噪声。

下面将负反馈对放大电路性能的影响列于表 6.2 中，便于读者比较和应用。

表 6.2　　　　　　　　　　　　**负反馈对放大电路性能的影响**

项目	反馈类型与对放大电路性能的影响			
放大倍数	$A_f = \dfrac{A}{1+AF}$			
非线性失真与噪声	减小			
带宽	展宽　$BW_f = \lvert 1+AF \rvert BW$			
闭环放大倍数的相对变化量	$\dfrac{\mathrm{d}A_f}{A_f} = \dfrac{1}{1+AF}\dfrac{\mathrm{d}A}{A}$			
反馈类型	电压串联负反馈	电压并联负反馈	电流串联负反馈	电流并联负反馈
输入电阻	增大 $r_{if}=(1+AF)r_i$	减小 $r_{if}=\dfrac{1}{1+AF}r_i$	增大 $r_{if}=(1+AF)r_i$	减小 $r_{if}=\dfrac{1}{1+AF}r_i$
输出电阻	减小 $r_{of}=\dfrac{1}{1+AF}r_o$	减小 $r_{of}=\dfrac{1}{1+AF}r_o$	增大 $r_{of}=(1+AF)r_o$	增大 $r_{of}=(1+AF)r_o$
使何种输出量恒定	电压	电压	电流	电流
适用何种信号源	低内阻信号源	高内阻信号源	低内阻信号源	高内阻信号源
用途	电压放大器的输入级或中间级	电流-电压变换器或放大电路的中间级	电压-电流变换器或放大电路的输入级	电流放大器

6.4 任务制作过程

1. 制作说明

通过制作电冰箱温控电路深刻了解电冰箱温控电路的基本结构。体会集成运算放大器非线性应用之一的电压比较器控制电冰箱冷藏室温度上限温度和下限温度的方法。进一步掌握继电器与三极管放大电路的结合使用，掌握反馈在电冰箱系统中的应用。

2. 制作器件

集成运放 LM358 1 块，集成与非门 74LS00 1 块，三极管 9013 1 个，二极管 2CP31B 2 个，10kΩ、1MΩ 电阻各 2 个，1.1kΩ、3.3kΩ、4.7kΩ、100kΩ、20kΩ、30kΩ 电阻各 1 个，510Ω 1 个，0.1μF 电容 2 个，中间继电器 1 个。

3. 制作步骤和方法

（1）识别原理图（图 6.1），明确元件连接和电路连线。

（2）画出布线 PCB 图。

（3）完成电路所需元件的购买与检测。

（4）根据布线 PCB 图，选择合适敷铜板焊接、制作电路。

（5）调试时可用 4.7kΩ 电阻表示为电冰箱上限温度时传感器对应的电阻，可用 100kΩ 表示为电冰箱下限温度时传感器对应的电阻。在温度传感器处可放置一个双掷开关，开关打到一边接 4.7kΩ 电阻，打到另一边接 100kΩ 电阻。然后分别观察电路工作情况。也可用电灯代替压缩机观察工作情况。

（6）自主完成电路功能检测和故障排除。

6.5 小结

（1）反输出信号的一部分或者全部通过一定的方式引回到输入端的过程称为反馈，反馈放大电路由基本放大电路的反馈网络组成，其基本关系式为 $A_\mathrm{f} = \dfrac{A}{1+AF}$。

（2）反馈的判断方法。

我们通常用瞬时极性法是用来判断电路中正、负反馈的基本方法，具体步骤如下：

1）判断放大电路是否存在反馈。首先看电路是否有与输入回路和输出回路相关联的元件或网络。若有，则存在反馈。

2）判断是直流反馈还是交流反馈，直流反馈多在反馈电阻上有一个旁路电容，而交流反馈中多在反馈电阻上串联一个隔直电容。但应该注意，大多数反馈元件或反馈网络既存在于直流反馈中，又存在于交流反馈中，如果仅有直流反馈，则判断到此为止，引入直流反馈的目的是稳定静态工作点，而要改善放大器的其他性能指标，只有引入交流反馈。

3）判别是正反馈还是负反馈。通常利用瞬时极性法进行判断，若引回的反馈信号与输入信号比较后使净输入信号减少，从而使输出信号减少，则是负反馈，若引回的反馈信号与输入信号比较后使净输入信号增强，从而使输出信号增强，则是正反馈。

4）负反馈放大电路有 4 种基本类型：电压串联负反馈、电压并联负反馈、电流串联负反馈和电流并联负反馈。反馈信号取样于输出电压的（电路表现上为反馈信号采样点跟输出端在同一点），称为电压反馈，取样于输出电流的（电路表现上为反馈信号采样点与输出端不在同一点），则称为电流反馈。若反馈网络与信号源、基本放大电路串联连接（输入信号与反馈信号加在不同的节点），则称为串联反馈；若反馈网络与信号源、基本放大电路并联连接（输入信号与反馈信号加在同一个节点），则称为并联反馈。

（3）负反馈对放大电路工作性能的影响有：提高电路工作的稳定性，改善输出波形，减小非线性失真；展宽通频带，改变输出电阻和输入电阻。

（4）负反馈对电路性能的改善与反馈深度（$1+AF$）的大小有关，其值越大，性能改善越显著。当 $1+AF \gg 1$ 时，称为深度负反馈。

6.6　练学拓展

1. 填空题

（1）所谓反馈，就是把放大器的_____的一部分或全部通过一定的方式回送到_____的过程。

（2）反馈按照极性可以分为_____和_____。

（3）电压负反馈能稳定放大器的_____，并使放大器的输出电阻_____。

（4）电流负反馈能稳定放大器的_____，并使放大器的输出电阻_____。

（5）直流负反馈的作用是_____，交流负反馈的作用是_____。

（6）某深度负反馈电路，反馈深度 $|1+AF|=20$，未接负反馈时，放大电路的开环增益为 1×10^4，通频带为 $1 \times 10^4 \, \text{Hz}$，则该反馈电路的闭环增益为_____，闭环通频带为_____Hz。

（7）某反馈电路开环放大倍数 $A=1000$，反馈系数 $F=0.1$，则其反馈深度为_____。

（8）在放大电路中，为了稳定静态工作点，可引入_____负反馈，若要稳定放大倍数，改善交流性能应引入_____负反馈。

2. 判断题

（1）若放大电路的放大倍数为负，则引入的反馈一定是负反馈。（　　）

（2）只要在放大电路中引入反馈，就一定能使其性能得到改善。（　　）

（3）放大电路的级数越多，引入的负反馈越强，电路的放大倍数也就越稳定。（　　）

（4）反馈量仅取决于输出量。（　　）

（5）既然电流负反馈稳定输出电流，那么必然稳定输出电压。（　　）

（6）负反馈放大电路的放大倍数与组成它的基本放大电路的放大倍数量纲相同。（　　）

（7）若放大电路引入负反馈，则负载电阻变化时，输出电压基本不变。（　　）

（8）电压反馈可以使输出电阻减小。（　　）

（9）在深度负反馈放大电路中，闭环放大倍数 A_f，它与反馈网络有关，而与放大器

开环放大倍数 A 无关，故可以省去放大通路，仅留下反馈网络，来获得稳定的放大倍数。（　　　）

(10) 在放大电路中，为了稳定静态工作点，可以引入直流负反馈。（　　　）

(11) 所有放大电路都必须加反馈，否则无法正常工作。（　　　）

(12) 输出与输入之间有信号通过的就一定是反馈放大电路。（　　　）

(13) 构成反馈通路的元器件只能是电阻、电感或电容等无源器件。（　　　）

(14) 直流负反馈是直接耦合放大电路中的负反馈，交流负反馈是阻容耦合或变压器耦合放大电路中的负反馈。（　　　）

(15) 串联或并联负反馈可改变放大电路的输入电阻，但不影响输出电阻。（　　　）

(16) 电压或电流负反馈可改变放大电路的输出电阻，对输入电阻无影响。（　　　）

(17) 负反馈能彻底消除放大电路中的非线性失真。（　　　）

(18) 既然在深度负反馈条件下，放大倍数只与反馈系数有关，那么放大器件的参数就没有实用意义了。（　　　）

3. 选择题

(1) 所谓的开环指的是（　　　）。

A. 无信号源　　　　　B. 无反馈通路　　　　　C. 无负载

(2) 所谓的闭环指的是（　　　）。

A. 考虑信号源内阻　　B. 有反馈通路　　　　　C. 接入电源

(3) 反馈量是指（　　　）。

A. 反馈网络从放大电路输出回路中取出的电压信号

B. 反馈到输入回路的信号　　　　　C. 前面两信号之比

(4) 直流反馈是指（　　　）。

A. 只存在于直接耦合电路，而阻容耦合电路中不存在的反馈

B. 直流通路中的负反馈

C. 只存在放大直流信号时才有的反馈

(5) 若反馈深度 $1+AF=1$，则放大电路工作在（　　　）状态。

A. 正反馈　　　　　　B. 负反馈　　　　　　　C. 自激状态

(6) 若反馈深度 $1+AF>1$，则放大电路工作在（　　　）状态。

A. 正反馈　　　　　　B. 负反馈　　　　　　　C. 无反馈

(7) 负反馈可以抑制（　　　）的干扰和噪声。

A. 反馈环路内　　　　B. 反馈环路外　　　　　C. 与输入信号混在一起

(8) 需要一个阻抗变换电路，要求输入电阻小，输出电阻大，应选用（　　　）负反馈放大电路。

A. 电压并联　　　　　B. 电流并联　　　　　　C. 电流串联

(9) 某深度负反馈电路，反馈深度 $|1+AF|=20$，未接负反馈时，放大电路的开环增益为 1×10^4，通频带为 $1\times10^4\,\text{Hz}$，则该反馈电路的闭环增益为（　　　），闭环通频带为（　　　）Hz。

A. 5×10^2　　　　B. 1×10^4　　　　C. 1×10^8　　　　D. 2×10^5

（10）交流负反馈是指（　　）。

A. 只存在于阻容耦合电路中的负反馈

B. 放大正弦信号时才有的负反馈

C. 交流通路中的负反馈

D. 有旁路电容的放大器中的负反馈

（11）若希望放大器从信号源索取的电流要小，可采用＿＿＿＿＿＿；若希望电路负载变化时，输出电流稳定，则可引入＿＿＿＿＿＿；若希望电路负载变化时，输出电压稳定，则可引入＿＿＿＿＿＿。（　　）

A. 串联负反馈；电流负反馈；电压负反馈

B. 电流负反馈；串联负反馈；电压负反馈

C. 串联负反馈；电压负反馈；电流负反馈

D. 并联负反馈；电流负反馈；电压负反馈

（12）图 6.27 所示电路只是原理性电路，只存在交流负反馈的电路是＿＿＿＿＿＿；只存在直流负反馈的电路是＿＿＿＿＿＿；交、直流负反馈都存在的是＿＿＿＿＿＿；只存在正反馈的电路是＿＿＿＿＿＿。（　　）

A. a b c d 　　　B. b d c a 　　　C. b c d a 　　　D. a c b d

（13）判断图 6.28 中存在的反馈类型，选择正确答案：（　　）。

A. 电流串联负反馈　　　　　　　　B. 电压并联负反馈

C. 电压串联正反馈　　　　　　　　D. 电流串联正反馈

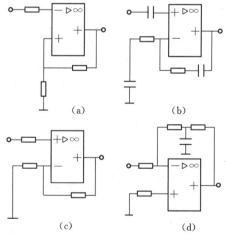

图 6.27　题 2（12）图

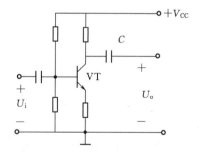

图 6.28　题 2（13）图

（14）在考虑反馈对放大器输入电阻 R_i 的影响时，下列说法正确的是（　　）。

A. 负反馈能提高 R_i，正反馈则相反

B. 串联负反馈能提高 R_i，并联负反馈则相反

C. 串联反馈能提高 R_i，并联反馈则相反

D. 并联负反馈能提高 R_i，串联负反馈则相反

（15）若要求负反馈放大器的闭环电压增益为 40dB，则电路的开环电压增益 A_u 变化

10%，A_f 变化 1%时，则可知 A_u 应为下列哪个数值？（　　）

A. 20dB　　　　　　B. 60dB　　　　　　C. 40dB　　　　　　D. 10dB

（16）判断图 6.29 所示电路中负反馈类型；图（a）存在＿＿＿＿；图（b）存在＿＿＿＿；图（c）存在＿＿＿＿。（　　）

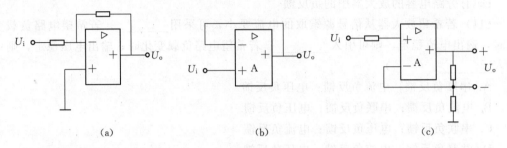

图 6.29　题 2（16）图

A. 电压并联，电压串联，电流串联　　　　B. 电压串联，电压并联，电流串联

C. 电压并联，电流串联，电流并联　　　　D. 电流并联，电压串联，电流串联

（17）如果要求输出电压 U_o 基本稳定，并能提高输入电阻，在交流放大电路中应引入哪种类型的负反馈？（　　）

A. 电压串联负反馈　　　　　　　　　　　B. 电流并联负反馈

C. 电压并联负反馈　　　　　　　　　　　D. 电流串联负反馈

（18）某负反馈放大器的开环放大倍数为 75，反馈系数为 0.04，则闭环放大倍数为（　　）。

A. 3　　　　　　B. 18.75　　　　　　C. 1875　　　　　　D. 25

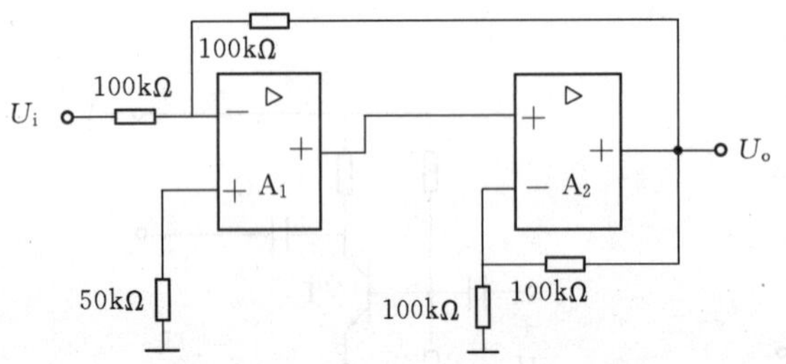

（19）图 6.30 所示电路的电压增益为（　　）。

A. −1

B. 1

C. 10

D. 11

图 6.30　题 2（19）图

（20）已知某放大器的输入信号为 2mV 时，输出电压为 2V，当加上负反馈后为达到同样的输出电压，则输入信号需变为 20mV，由此可知电路的反馈深度为（　　）dB。

A. 40　　　　　　B. 10　　　　　　C. 60　　　　　　D. 20

4. 什么叫反馈？如何区别直流反馈与交流反馈？

5. 在如图 6.31 所示的各电路中判断电路存在何种负反馈？

6. 判断图 6.32 中各个电路中有无反馈？是直流反馈还是交流反馈？哪些构成了级间反馈？哪些构成了本级反馈？

7. 负反馈放大电路有哪几种类型？每种类型有何特点？

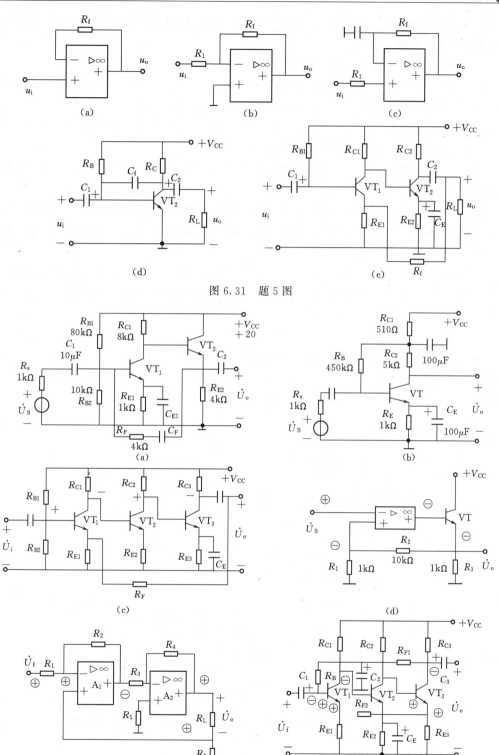

图 6.31　题 5 图

图 6.32　题 6 图

8. 从反馈效果来看，为什么说串联负反馈要求信号源内阻越小越好？而对并联负反馈要求信号源内阻越大越好？

9. 直流负反馈与交流负反馈的作用分别是什么？

10. 应该引入何种类型的反馈，才能分别实现以下要求：①稳定静态工作点；②稳定输出电压；③稳定输出电流；④提高输入电阻；⑤降低输出电阻。

11. 有一负反馈放大电路，已知 $A = 10^3$，$F = 0.099$，已知输入信号 u_i 为 0.1V，求其净输入信号 u_d，反馈信号 u_f 和输出信号 u_o 的值。

12. 有一负反馈放大器，已知其开环放大倍数 $A = 50$，反馈系数 $F = 1/10$，试求其反馈深度和闭环放大倍数。

13. 有一负反馈放大器，已知在闭环时，当输入电压为 50mV 时，输出电压为 2V；而在开环时，当输入电压为 50mV 时，输出电压则为 4V，试求其反馈深度和反馈系数。

14. 开环放大电路的 A 有 5% 的变化时，采用负反馈要求把闭环放大倍数的变化限制在 1% 以内，设闭环放大倍数 $A_f = 20$。求此时基本放大电路的 A 和反馈系数 F 应为多少？

15. 判断图 6.33 所示各电路中是否引入了反馈；若引入了反馈，则判断是正反馈还是负反馈；若引入了交流负反馈，则判断是哪种组态的负反馈，并求出反馈系数和深度负反馈条件下的电压放大倍数 A_{uf} 或 A_{usf}。设图中所有电容对交流信号均可视为短路。

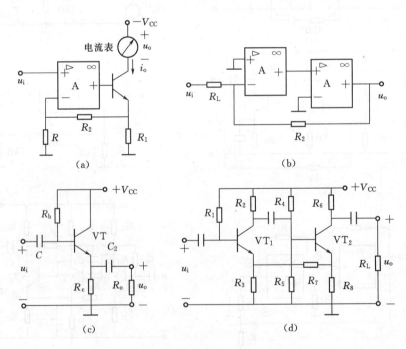

图 6.33 题 15 图

任务 7 逻辑测试器的分析与制作

7.1 任务目的

(1) 了解集成运放的基本组成及主要参数的意义。
(2) 熟悉集成运放电路的原理及在实际中的应用。
(3) 能使用模拟集成电路设计逻辑测试器电路。
(4) 掌握电路的安装调试与故障检测排除方法，提高实际操作能力。

7.2 电路设计与分析

(1) 逻辑测试器由检测电路、比较电路和指示电路组成，如图 7.1 所示。

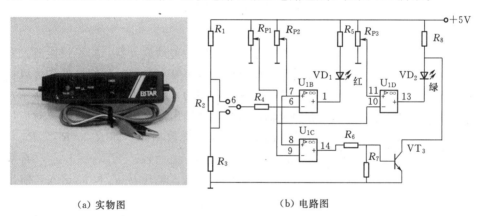

（a）实物图　　　　　　　　　　（b）电路图

图 7.1 逻辑测试器电路图

(2) 电路分析。图 7.1 所示的电路为一块 LM324 四运放电路组成的逻辑测试器。调节 R_{P1}、R_{P2} 和 R_{P3}，使运放块相应引出脚得到不同的电压，当开关 S 选择的被测信号为逻辑 "0" 时，绿色发光二极管发光，显示逻辑 "0"；当开关 S 选择的被测信号为逻辑 "1" 时，红色发光二极管发光，显示逻辑 "1"；调节 R_{P1} 和 R_{P2}，可设定不同的逻辑门限电压大小。

7.3 相关理论知识

7.3.1 差动放大器

逻辑测试器电路图的主要部件是集成运算放大电路，简称集成运放或运放，是模拟集成电路的一个重要分支，它实际上是用集成电路工艺制成的具有高增益、高输入电阻、低输出电阻的直接耦合多级放大电路。它具有通用型强、可靠性高、体积小、重量轻、功耗小、性能优越等优点，外部接线很少，调试非常方便。其内部电路如图 7.2 所示。

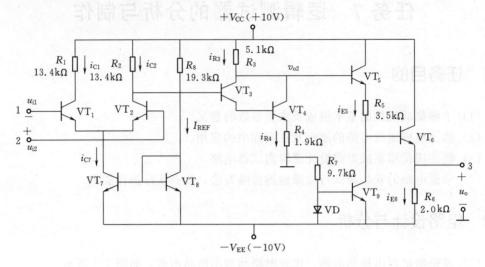

图 7.2　简单运算放大器的原理图

7.3.1.1　电路特点

图 7.2 的输入级为差动放大器，它不仅能放大直流信号，而且能有效地减小零点漂移，故常被选作多级放大器的前置输入级。典型的差动放大电路如图 7.3 所示，电路有两个输入端和两个输出端，电路结构对称，对应位置的元器件的温度特性和参数相同，即 $R_{C1}=R_{C2}$，$R_{B1}=R_{B2}$，$\beta_1=\beta_2$，$V_{BE1}=V_{BE2}$，$r_{BE1}=r_{BE2}$，$I_{CBO1}=I_{CBO2}$，通常采用正负对称电源供电。输入电压从 u_{i1} 和 u_{i2} 送入，输出电压可以从 u_{o1} 和 u_{o2} 之间取出（$u_o=u_{o1}-u_{o2}$），称为双端输出，也可以从任一输出端对地取出，称为单端输出。

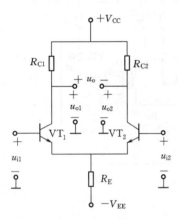

图 7.3　典型的差动放大电路

7.3.1.2　重要概念

当差动放大电路的两个输入端子接入的输入信号分别为 u_{i1} 和 u_{i2} 时，两信号的差值称为差模信号，也就是大小相等，相位相反的两个分量。而两信号的算术平均值称为共模信号。即大小相等，相位相同的两个分量。

差模信号：

$$u_{id}=u_{i1}-u_{i2} \tag{7.1}$$

共模信号：

$$u_{ic}=\frac{1}{2}(u_{i1}+u_{i2}) \tag{7.2}$$

根据以上两式可以得到

$$u_{i1}=u_{ic}+\frac{u_{id}}{2} \tag{7.3}$$

$$u_{i2}=u_{ic}-\frac{u_{id}}{2} \tag{7.4}$$

可以看出，两个输入端的信号均可理解为差模信号和共模信号两部分的叠加。而输出信号也可理解为差模输出信号和共模输出信号的叠加。

差模电压增益：

$$A_{VD} = \frac{u_o'}{u_{id}} \tag{7.5}$$

共模电压增益：

$$A_{VC} = \frac{u_o''}{u_{ic}} \tag{7.6}$$

总输出电压：

$$u_o = u_o' + u_o'' = A_{VD}u_{id} + A_{VC}u_{ic} \tag{7.7}$$

式中：u_o' 为由差模信号产生的输出。

7.3.1.3　工作原理

1. 静态分析和抑制零漂

直流通路如图 7.4 所示。由于电路完全对称，$I_{E1} = I_{E2}$，所以由地到负电源 U_{EE} 之间有方程：

$$0 - U_{BE1} - 2I_{E1}R_E - (-V_{EE}) = 0$$

解得

$$I_{E1} = \frac{V_{EE} - U_{BE1}}{2R_E}$$

当 $U_{BE1} \ll V_{EE}$ 时，$I_{E1} = \frac{V_{EE}}{2R_E}$

$$I_{C2} = I_{C1} \quad I_{E1} = \frac{V_{EE}}{2R_E} \quad I_{B2} = I_{B1} = \frac{I_{C1}}{\beta}$$

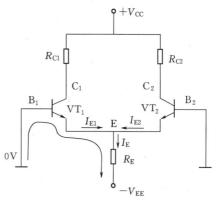

图 7.4　直流通路

两管发射极电位为

$$U_E = 0 - U_{BE1}$$

所以

$$U_{CE2} = U_{CE1} = V_{CC} - R_{c1}I_{C1} - U_E = V_{CC} - R_{C1}I_{C1} + U_{BE1}$$

关键是求出 VT_1、VT_2 两管的发射极电流。根据电路对称性有 $I_{E1} = I_{E2} = \frac{1}{2}I_E$。应注意两管的基极电位为零，这是因为在静态时，$U_i = 0$ 即 U_i 短路。

抑制零点漂移的原理：静态时 $U_{C1} = U_{C2}$，所以 $U_o = U_{C1} - U_{C2} = 0$。即输入为 0 时，输出也为 0。对于差动电路，当输入端信号为 0（短路）时，输出应为 0。但实际上输出电压将随着时间的推移，偏离 0 电位。这种现象称为零点漂移。零漂产生的主要原因是温度的变化和电源电压波动。无论是温度变化还是电源波动，都会对两管产生相同的作用，其效果相当于在两个输入端加入了共模信号。差动放大电路靠电路的对称性和恒流源偏置抑制零漂（共模信号）温度变化→两管集电极电流以及相应的集电极电压发生相同的变化→在电路完全对称的情况下，双端输出（两集电极间）的电压可以始终保持为零（或静态值）→抑制了零点漂移。

2. 动态分析

（1）差模输入时，当电路的两个输入端各加入一个大小相等极性相反的差模信号时，其交流通路和差模等效电路。

由于 $u_{i1} = -u_{i2} = u_{id}/2$，当一管电流 i_{C1} 增加时，另一管的电流 i_{C2} 必然减小。由于电路对称，i_{C1} 的增加量必然等于 i_{C2} 的减少量。所以流过恒流源（或 R_E）的电流不变，$v_E = 0$。故如图 7.5 所示的交流通路中 R_E 为 0（短路）。

差模输入时，$u_{i1} = -u_{i2} = u_{id}/2$，每一管上的电压仅为总的输入电压 u_{id} 的 1/2。故虽然电路由两管组成，但总的电压放大倍数仅与单管的相同。即 $A_V = -\beta R_C/r_{BE}$。

如果在输出端接有负载电阻 R_L，由于负载两端的电位变化量相等，变化方向相反，故负载的中点处于交流地电位。因此，如图 7.6 所示的交流通路中每一管的负载为 $R_L/2$。此时，总的电压放大倍数与单管的相同。即 $A_V = -\beta R_L'/r_{BE}$。

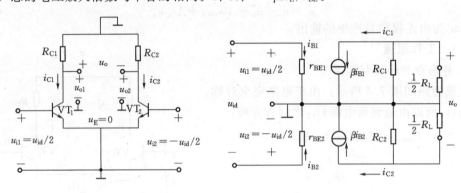

图 7.5　交流通路　　　　　　　图 7.6　微变等效电路

由于双端输入，故输入电阻为两管输入电阻的串联，即 $R_{id} = 2r_{BE}$。

由于双端输出，故输出电阻为两管输出电阻的串联，即 $R_o = 2R_C$。

动态指标计算结果如下：

电压增益 $A_{VD} = \dfrac{u_o}{u_{id}} = \dfrac{u_{o1} - u_{o2}}{u_{i1} - v_{i2}}$ 由于电路对称 $A_{VD} = \dfrac{u_o}{u_{id}} = \dfrac{2u_{o1}}{2u_{i1}} = -\dfrac{\beta\left(R_C \ /\!/ \ \dfrac{1}{2}R_L\right)}{r_{BE}}$

差模输入电阻 $\qquad\qquad\qquad R_{id} = \dfrac{u_{id}}{i_{id}} = \dfrac{2u_{i1}}{i_{B1}} = 2r_{BE}$

输出电阻 $\qquad\qquad\qquad\qquad R_o = 2R_C$

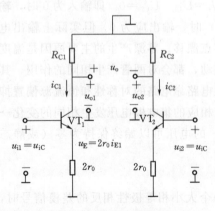

图 7.7　共模交流等效电路

如果差动放大电路为双端输入单端输出时，由于单端输出时负载上输出的只是一个管子的变化量，而输入情况与双端输出时完全一样。故放大倍数是双端输出的一半。输出电阻是一个管子的输出电阻。故输出电阻为双端输出的一半。即：电压放大倍数 A_V 和输出电阻 R_o 只与输出端的方式有关；单端输出时为双端输出的一半；输入电阻 R_i 只与输入端的方式有关；单端输入时为双端输入的一半。

（2）共模输入时技术指标及共模抑制比交流通路如图 7.7 所示。

共模电压增益：

双端输出时的共模电压增益是指电路的双端输出电压与共模输入电压之比。

在电路完全对称的情况下，$u_{o1}=u_{o2}$，$u_o=u_{o1}-u_{o2}=0$。

共模增益 A_{VC} 为

$$A_{VC}=\frac{u_o}{u_{iC}}=\frac{u_{o1}-u_{o2}}{u_{iC}}=\frac{0}{u_{iC}}=0 \tag{7.8}$$

共模情况下，两输入端是并联的，因此，共模输入电阻 R_{iC} 为

$$R_{iC}=\frac{1}{2}\left[r_{BE}+(1+\beta)2r_0\right] \tag{7.9}$$

7.3.1.4　共模抑制比

差动放大电路能够抑制共模信号，放大差模信号，通常用差模放大倍数 A_{ud} 与共模放大倍数 A_{uc} 的比值（称共模抑制比）$K_{CMR}=\left|\dfrac{A_{ud}}{A_{uc}}\right|$ 或 $K_{CMR}=20\lg\left|\dfrac{A_{ud}}{A_{uc}}\right|$ dB 来反映电路在这方面的综合性能，K_{CMR} 越大表明对差模信号的放大能力和对共模信号的抑制能力就越强。

【例 7.1】 在图 7.8（a）所示电路中，若 $V_{CC}=V_{EE}=12V$，$R_{B1}=R_{B2}=1k\Omega$，$R_{C1}=R_{C2}=6.8k\Omega$，$R_E=6.8k\Omega$，三极管 VT_1、VT_2 的 $\beta=50$。

（1）求每管的静态电流 I_{C1}、I_{C2}。

（2）接 $R_L=6.8k\Omega$，求双端输出时的 A_u、R_I、R_o。

（3）接 $R_L=6.8k\Omega$，求单端输出时的 A_u、R_I、R_o、K_{CMR}。

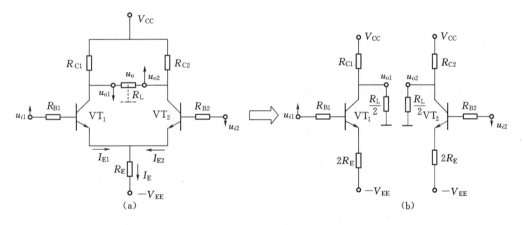

图 7.8　[例 7.1] 图

解：（1）由图可得：

$$I_{B1}=\frac{0-(-V_{EE})-U_{BE}}{R_{B1}+2(1+\beta)R_E}=\frac{0-(-12)-0.7}{1+2(1+50)\times6.8}\mu A\approx16.3\mu A$$

$$I_{C1}=I_{C2}=\beta I_{B1}=50\times16.3\mu A=0.82mA$$

$$r_{BE}=300\Omega+(1+\beta)\frac{26}{I_{E1}}=300+(1+50)\frac{26}{0.82}\approx1.9(k\Omega)$$

（2）双端输出时，差动放大电路的差模电压放大倍数等于单边电路的电压放大倍数。输入差模信号，负载 R_L 两端电位反相等幅变化，负载中点 $\dfrac{R_L}{2}$ 处电位保持不变，可以看成

交流零电位（参考点），因此，每边电路的负载电阻值（对地）实为 $\dfrac{R_L}{2}$，发射极电阻 R_e 在差模信号输入时可以当成短路，如图 7.8（b）所示。

$$R'_L = R_C \text{ // } \frac{R_L}{2} = \frac{6.8 \times 3.4}{6.8 + 3.4} k\Omega \approx 2.3 k\Omega$$

$$A_u = A_{ud} = -\frac{\beta R'_L}{R_{B1} + R_{BE}} = -\frac{50 \times 2.3}{1 + 1.9} \approx -40$$

$$R_i = 2(R_{B1} + R_{BE}) \approx 5.8 k\Omega$$

$$R_o = 2R_C \approx 13.6 k\Omega$$

（3）单端输出时，单边电路的负载电阻（对地）为 R_L，差动放大电路的差模电压放大倍数等于双端输出时的一半，而放大共模信号时，R_E 等效为 $2R_E$，如图 7.8（b）所示。

$$R'_L = R_C \text{ // } R_L = \frac{6.8 \times 6.8}{6.8 + 6.8} k\Omega \approx 3.4 k\Omega$$

$$A_{u1} = A_{ud1} = -\frac{\beta R'_L}{2 \times (R_{B1} + R_{BE})} = -\frac{50 \times 3.4}{2 \times (1 + 1.9)} \approx -29$$

$$A_{uc1} = -\frac{\beta R'_L}{r_{BE} + 2(1 + \beta)R_E} \approx -\frac{R'_L}{2R_E} = -\frac{3.4}{2 \times 6.8} \approx -0.25$$

$$R_i = 2(R_{B1} + R_{BE}) \approx 5.8 k\Omega$$

$$R_o = R_C \approx 6.8 k\Omega$$

$$K_{CMR} = 20 \lg \left| \frac{A_{ud}}{A_{uc}} \right| dB = 20 \lg \left| \frac{-29}{-0.25} \right| dB \approx 41 dB$$

7.3.2 集成运算放大电路

7.3.2.1 集成运算放大电路的基本知识

1. 集成运算放大电路的特点

集成运算放大电路的特点与它的结构有关，主要有以下几点：

（1）集成运放各级之间采用直接耦合的方式。由于集成电路的制造工艺中，难以制造电感元件、容量大的电容元件以及阻值大的电阻元件，因此运放各级之间都采用直接耦合。一定要用到电感、电容元件时，一般采用外接的方法。

（2）集成运放是一种理想的增益器件，它的开环增益可达 1×10^4 甚至 1×10^7。这样，在应用时可以加上深度负反馈，使之具有增益稳定、非线性失真小等特性。更重要的是，能在其深度负反馈中接人各种线件或非线性元件，以构成具有各种各样特性的电路。

（3）集成运放的输入电阻从几十千欧到几十兆欧，而输出电阻很小，仅为几十欧姆，而且在静态工作时有零输入、零输出的特点。

（4）集成运算放大器还具有可靠性高、寿命长、体积小、重量轻和耗电少等特点。

2. 理想集成运算放大电路的条件

基于这样一些特点，在分析时可以将其理想化，可使分析过程大为简化。理想集成运算放大电路应当满足以下各项条件：

（1）开环电压放大倍数 $A_{od} = \infty$。

（2）差模输入电阻 $r_{id} = \infty$。

（3）输出电阻 $r_o = 0$。

（4）输入偏置电流 $I_{B2} = I_{B1} = 0$。

（5）共模抑制比 $K_{CMRR} = \infty$。

（6）失调电压、失调电流及它们的温漂均为 0。

（7）通频带 $BW = \infty$。

尽管理想运放并不存在，但由于实际集成运放的技术指标比较理想，在具体分析时将其理想化一般是允许的。这种分析计算所带来的误差一般不大，只是在需要对运算结果进行误差分析时才予以考虑。本书除特别指出外，均按理想运放对待。

7.3.2.2　集成运算放大电路的工作方式

实际电路中集成运放的传输特性如图 7.9 所示。

由图 7.9 可看出，根据输入的范围，集成运放工作于不同的区间，存在线性和非线性这两种工作方式。在分析运放应用电路时，还须了解运放是工作在线性区还是非线性区，只有这样才能按照不同区域所具有的特点与规律进行分析。

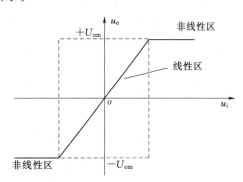

图 7.9　集成运放的传输特性

1. 线性工作方式

当集成运放处于线性工作方式时，工作于线性区，它的输出信号和输入信号满足以下关系：

$$u_o = A_{od} \cdot u_{id} = A_{od}(u_+ - u_-) \tag{7.10}$$

对于理想运放，可有以下两条重要特点：

（1）运放同相输入端与反相输入端对地电压相等（"虚短"特点）。

由于理想运放开环放大倍数 $A_{od} = \infty$，而输出电压 u_o 总为有限值，则由式（7.5）可得：

$$u_{id} = u_+ - u_- = \frac{u_o}{A_{od}} \approx 0 \tag{7.11}$$

即：

$$u_+ \approx u_- \tag{7.12}$$

式（7.12）说明，同相端和反相端电压几乎相等，所以称为虚假短路，简称"虚短"。

（2）理想运放两个输入端的电流都等于零（"虚断"特点）。

由于集成运放的开环差模输入电阻 $r_{id} = \infty$，输入偏置电流 $I_B = 0$，当然不会向外部电路索取任何电流，因此其两个输入端的电流都为零，即

$$i_i = i_+ = i_- = 0 \tag{7.13}$$

这就是说，集成运放工作在线性区时，其两个输入端均无电流，这一特点称为"虚断"。

式（7.12）和式（7.13）表达了理想运放工作在线性区的"虚短"或"虚断"特点，大大简化了运放应用电路的分析过程。

一般实际的集成运放工作在线性区时，其技术指标与理想条件非常接近，因而上述两条特点是成立的。

2. 非线性工作方式

当集成运放处于非线性工作方式时，其工作范围超出线性区，输出电压 u_o 和输入电压 u_+、u_- 之间将不再满足式（7.10）表示的关系，即 $u_o \neq A_{od} \cdot u_{id} \neq A_{od}(u_+ - u_-)$。

对于理想运放，可有如下特点：

（1）输出电压 u_o 只有两种可能状态，即正饱和电压 $+U_{om}$ 或负饱和电压 $-U_{om}$，而且两输入端对地电压不一定相等，即 $u_+ \neq u_-$。

当输入电压 $u_+ > u_-$ 时 $\qquad\qquad u_o = +U_{om}$ $\qquad\qquad\qquad$ (7.14)

当输入电压 $u_+ < u_-$ 时 $\qquad\qquad u_o = -U_{om}$ $\qquad\qquad\qquad$ (7.15)

（2）运放的输入电流等于零。

由于理想运放的 $r_{id} = \infty$，因而虽然 $u_+ \neq u_-$，但输入电流仍然为零。

可见，由于集成运放的开环增益 A_{od} 很大，当它工作于开环状态（即没有外接深度负反馈电路）或加有正反馈时，只要输入电压 u_+ 和 u_- 不相等，哪怕是微小的电压信号，输出电压就饱和，集成运放都将进入非线性区，其输出电压立即达到正向饱和值 U_{om} 或负向饱和值 $-U_{om}$。此时，式（7.10）式不再成立。

7.3.3 集成运算放大电路的线性应用

利用集成运算放大器在外加负反馈的控制下，可以实现反相比例、同相比例、加法、减法、积分、微分等运算，此时集成运放工作在线性区。

实现输出信号与输入信号成比例关系的电路，称为比例运算电路。根据输入方式的不同，有反相和同相比例运算两种形式。

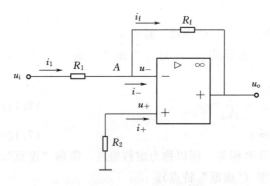

图 7.10 反相比例运算电路

7.3.3.1 反相比例运算电路

1. 电路组成

反相比例运算电路如图 7.10 所示。输入信号 u_i 经 R_1 加至集成运放的反相输入端，R_f 为反馈电阻，将输出电压 u_o 反馈至反相输入端，形成深度的电压并联负反馈。R_2 为直流平衡电阻，确保运放处于对称平衡工作状态，应选择 $R_2 = R_1 /\!/ R_f$。

2. 电路分析

根据"虚断"的概念可得 $i_1 = i_f$，同时，由于电路存在"虚短"，$u_+ = u_-$，而 $u_+ = 0$，故得 $u_+ = u_- = 0$。

而 $\qquad\qquad i_1 = \dfrac{u_i - u_-}{R_1} = \dfrac{u_i}{R_1}$，$\quad i_f = \dfrac{u_- - u_o}{R_f} = \dfrac{0 - u_o}{R_f} = -\dfrac{u_o}{R_f}$

所以 $\qquad\qquad\qquad\qquad u_o = -\dfrac{R_f}{R_1} u_i$ $\qquad\qquad\qquad\qquad\qquad$ (7.16)

由式（7.16）可以看出，其输出电压和输入电压的幅值成正比，但相位相反，实现了反相比例运算。比例系数由电阻 R_f 和 R_1 决定，而与集成运放内部各项参数无关。只要 R_1 和 R_f 的阻值足够精确且稳定，就可以得到准确的比例运算关系。

3．电路特点

（1）由于反相比例电路存在虚地，即反相端和同相端的对地电压都接近于零，$u_- = u_+ = 0$。所以集成运放输入端的共模输入电压极小，因此对集成运放的共模抑制比要求低，这是其突出的优点。

（2）当 $R_1 = R_f = R$ 时，$u_o = -\dfrac{R_f}{R_1} u_i = -u_i$ 输入电压与输出电压大小相等，相位相反，称为反相器、反相电路等。

（3）由于反相比例运算电路引入的是深度电压并联负反馈，所以输出电阻 R_o 小，带负载能力强。

【**例 7.2**】　在图 7.10 中，已知，$u_i = -2V$，$R_1 = R_f = R$。

（1）判断其反馈类型。

（2）试求输出电压 u_o。

（3）试求电压放大倍数 A_{uf}，输入电阻 R_i，输出电阻 R_o。

解：（1）此电路为电压并联负反馈。

（2）根据"虚断"的概念可得：$i_1 = i_f$，同时，由于电路存在"虚短"，$u_+ = u_-$，而 $u_+ = 0$，故得 $u_+ = u_- = 0$。

而
$$i_1 = \frac{u_i - u_-}{R_1} = \frac{u_i}{R_1}, \quad i_f = \frac{u_- - u_o}{R_f} = \frac{0 - u_o}{R_f} = -\frac{u_o}{R_f}$$

所以
$$u_o = -\frac{R_f}{R_1} u_i \quad \text{当 } R_1 = R_f = R \text{ 时，} u_o = -\frac{R_f}{R_1} u_i = -u_i = 2V$$

（3）电压放大倍数 $A_{uf} = -1$。输入电阻 $R_i = R_1$　输出电阻 $R_o = 0$。

7.3.3.2　同相比例运算电路

1．电路组成

同相比例运算电路如图 7.11 所示，输入信号 u_i 通过 R_2 加到集成运放的同相输入端，为了保证集成运放工作在线性区，输出电压 u_o 通过电阻 R_f 反馈到运放的反相输入端，构成电压串联负反馈；反相输入端经电阻 R_1 接地，平衡电阻 $R_2 = R_1 \parallel R_f$。

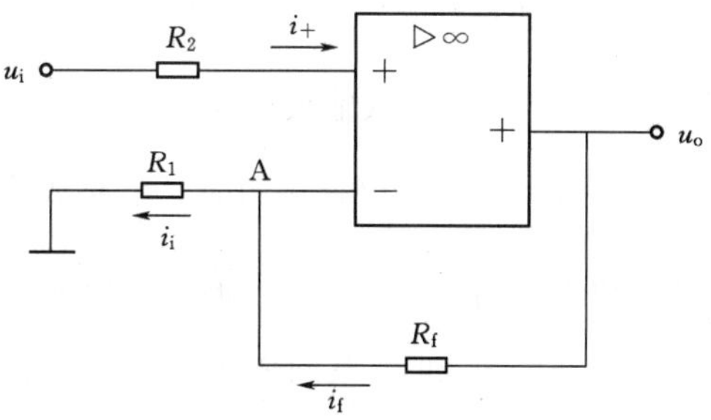

2．电路分析

根据"虚短"和"虚断"的概念，有 $i_1 = i_f$，$u_+ = u_- = u_i$。

而 $u_i \approx u_- = u_o \dfrac{R_1}{R_1 + R_f}$，所以

图 7.11　同相比例运算电路

$$u_o = \left(1 + \frac{R_f}{R_1}\right) u_i \tag{7.17}$$

由式（7.16）可以看出，其输出电压和输入电压的幅值成正比，但相位相同，实现了同相比例运算。

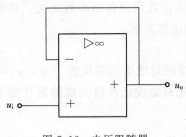

图 7.12　电压跟随器

3. 电路特点

（1）当 $R_f=0$ 或 $R_1\to\infty$ 时，如图 7.12 所示，$u_o=\left(1+\dfrac{R_f}{R_1}\right)u_i=u_i$，即输出电压与输入电压大小相等，相位相同，该电路称为电压跟随器。电压跟随器电路广泛作为阻抗变换器或作为输入级隔离缓冲器。由于集成运放性能优良，所以由它构成的电压跟随器不仅精度高，而且输入电阻大，输出电阻小。

（2）由于同相比例运算电路引入的是深度电压串联负反馈，所以输入电阻很高，可高达 $1000\text{M}\Omega$ 以上。输出电阻很小，其带负载的能力很强。

（3）由于 $u_-=u_+=u_i$，即同相比例电路的共模输入信号为 u_i，因此，对集成运放的共模抑制比要求高，这是它的主要缺点，限制了它的适用场合。

7.3.3.3　减法电路

1. 电路组成

减法电路如图 7.13 所示。图中，输入信号 u_{i1} 和 u_{i2} 分别加至同相输入端和反相输入端。

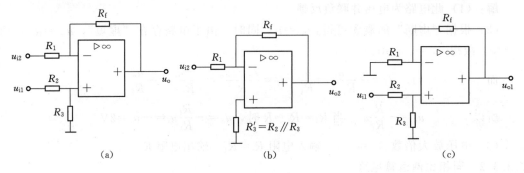

图 7.13　减法电路

2. 电路分析

根据叠加定理，首先令 $u_{i1}=0$，当 u_{i2} 单独作用时，电路成为反相比例运算电路，如图 7.13（b）所示，其输出电压 $u_{o2}=-\dfrac{R_f}{R_1}u_{i2}$。

再令 $u_{i2}=0$，u_{i1} 单独作用时，电路成为同相比例运算电路，如图 7.13（c）所示，同相端电压 $u_+=\dfrac{R_3}{R_2+R_3}u_{i1}$；其输出电压 $u_{o1}=\left(1+\dfrac{R_f}{R_1}\right)\left(\dfrac{R_3}{R_2+R_3}\right)u_{i1}$。

这样，当 u_{i1} 和 u_{i2} 共同作用时，输出信号电压为

$$u_o=u_{o1}+u_{o2}=\left(1+\frac{R_f}{R_1}\right)\left(\frac{R_3}{R_2+R_3}\right)u_{i1}-\frac{R_f}{R_1}u_{i2} \tag{7.18}$$

当 $R_1=R_2$，$R_3=R_f$ 时，式（7.18）可以简化为

$$u_o=\frac{R_f}{R_1}(u_{i1}-u_{i2}) \tag{7.19}$$

由式（7.19）可以看出，当满足 $R_1=R_2$，$R_3=R_f$ 的条件时，可实现减法运算。

【例 7.3】 图 7.14 是一个由三级集成运放组成的仪用放大器，试分析该电路的输出电压与输入电压的关系式。

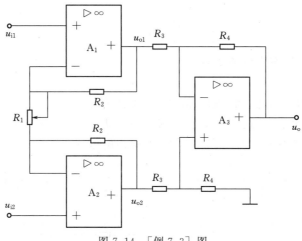

图 7.14　[例 7.3] 图

解： 由于电路采用同相输入结构，故具有很高的输入电阻。利用虚短特性可得可调电阻 R_1 上的电压降为 $u_{i1} - u_{i2}$，鉴于理想运放的虚断特性，流过 R_1 上的电流 $(u_{i1} - u_{i2})/R_1$ 就是流过电阻 R_2 的电流：

$$\frac{u_{o1} - u_{o2}}{R_1 + 2R_2} = \frac{u_{i1} - u_{i2}}{R_1}$$

故得

$$u_{o1} - u_{o2} = \left(1 + \frac{2R_2}{R_1}\right)(u_{i1} - u_{i2})$$

所以电路的输出电压为

$$u_o = -\frac{R_4}{R_3}\left(1 + \frac{2R_2}{R_1}\right)(u_{i1} - u_{i2})$$

7.3.3.4　反相求和电路

1. 电路组成

反相求和电路可实现信号的加法运算，电路如图 7.15 所示，它是利用反相比例运算电路实现的。图中，输入信号 u_{i1}、u_{i2}、u_{i3} 分别通过电阻 R_1、R_2、R_3 加至运放的反相输入端，R_4 为直流平衡电阻，要求 $R_4 = R_1 \parallel R_2 \parallel R_3 \parallel R_f$。

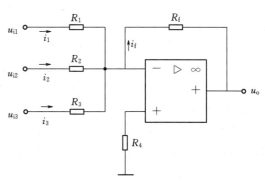

图 7.15　反相求和电路

2. 电路分析

各支路电流分别为

$$i_1 = \frac{u_{i1}}{R_1}, \quad i_2 = \frac{u_{i2}}{R_2}, \quad i_3 = \frac{u_{i3}}{R_3}, \quad i_f = -\frac{u_o}{R_f}$$

又由于"虚断"又由于虚断 $i_{i-} = 0$，则可得：$i_f = i_1 + i_2 + i_3$

即

$$-\frac{u_o}{R_f} = \frac{u_{i1}}{R_1} + \frac{u_{i2}}{R_2} + \frac{u_{i3}}{R_3}$$

整理得到

$$u_o = -\left(\frac{R_f}{R_1}u_{i1} + \frac{R_f}{R_2}u_{i2} + \frac{R_f}{R_3}u_{i3}\right) \tag{7.20}$$

当 $R_1 = R_2 = R_3 = R$ 时

$$u_o = -\frac{R_f}{R}(u_{i1} + u_{i2} + u_{i3}) \tag{7.21}$$

实现了各信号按比例进行加法运算。

当 $R_f = R$ 时，$u_o = -(u_{i1} + u_{i2} + u_{i3})$。

式中比例系数为 -1，实现了输入信号的反相求和运算。

【例 7.4】 电路如图 7.16 所示，已知 $R_1 = R_2 = R_{f1} = 30\text{k}\Omega$，$R_3 = R_4 = R_5 = R_6 = R_{f2} = 10\text{k}\Omega$，$u_{i1} = 0.2\text{V}$，$u_{i2} = 0.3\text{V}$，$u_{i3} = 0.5\text{V}$，求输出电压 u_o。

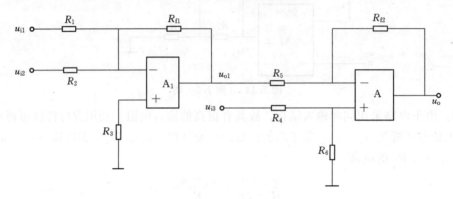

图 7.16 ［例 7.4］图

解： 从电路图可知，运放的第一级为反相求和电路，第二级为减法运算电路。

$$u_{o1} = -\frac{R_{f1}}{R_1}u_{i1} - \frac{R_{f1}}{R_2}u_{i2} = -u_{i1} - u_{i2}$$

$$u_o = \frac{-R_{f2}}{R_5}u_{o1} + \left(1 + \frac{R_{f2}}{R_5}\right)\frac{R_6}{R_4 + R_6}u_{i3}$$

$$= u_{i3} - [-(u_{i1} + u_{i2})]$$

$$= 0.2 + 0.3 + 0.5$$

$$= 1(\text{V})$$

7.3.3.5 积分电路

积分电路可实现积分运算，是控制和测量系统中的重要组成部分，利用它可以实现信号的延时、定时、产生及产生三角波等其他波形。

1. 电路组成

将反相比例电路的反馈电阻 R_f 换为电容器 C，输入回路电阻 R_1 仍是电阻 R，便可构成反相积分电路，电路如图 7.17 所示。

2. 电路分析

根据"虚短""虚断"的概念可得：$i_1 = i_c$，$u_+ = u_- = 0$。

而 $i_1 = \dfrac{u_i - u_-}{R} = \dfrac{u_i}{R}$，$i_c = C\dfrac{\mathrm{d}u_c}{\mathrm{d}t} = -C\dfrac{\mathrm{d}u_o}{\mathrm{d}t}$，则

$$u_i = -RC\frac{\mathrm{d}u_o}{\mathrm{d}t}$$

所以
$$u_o = -\frac{1}{RC}\int u_i \mathrm{d}t \qquad (7.22)$$

由式（7.17）可以看出，输出电压与输入电压成积分关系，实现了积分运算。

若积分起始时刻的输出电压为 $u_o(t_o)$，则 t 时刻的输出电压为

$$u_o = -\frac{1}{RC}\int_{t_o}^{t} u_i \mathrm{d}t + u_o(t_o) \qquad (7.23)$$

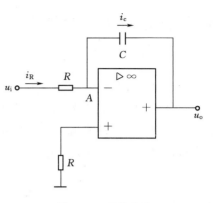

图 7.17 积分电路

【例 7.5】 积分电路如图 7.18 所示，输入信号为一对称方波，试画出输出电压的波形。

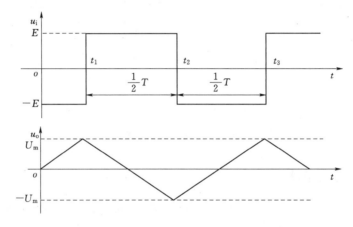

图 7.18 ［例 7.5］图

解： 在时间 $0\sim t_1$ 期间

$$u_o = -\frac{1}{RC}\int_0^{t_1} -E\mathrm{d}t = +\frac{E}{RC}t$$

$t = t_1$ 时，$u_o = +U_m$。

时间由 $t_1\sim t_2$ 期间，电容充电

$$u_o = -\frac{1}{RC}\int_{t_1}^{t_2} E\mathrm{d}t + u_C(t_1)$$

当 $t = t_2$ 时，$u_o = -U_m$。如此周而复始，得三角波输出，如图 7.18 所示。

由 ［例 7.5］ 可以看出，当输入是方波，则输出将是三角波，实现了波形变换，这也是积分电路的作用之一。

7.3.3.6 微分电路

1. 电路组成

将积分电路中的 R 和 C 互换，就可得到微分电路，如图 7.19（a）所示。

2. 电路分析

在这个电路中，A 点同样为"虚地"，即 $u_A \approx 0$，再根据"虚断"的概念，$i_- \approx 0$，则

$i_R \approx i_C$。假设电容 C 的初始电压为零，那么 $i_C = C\dfrac{du_i}{dt}$。

则输出电压 $$u_o = -i_R R = -RC\frac{du_i}{dt} \tag{7.24}$$

可见输出电压 u_o 是输入电压 u_i 对时间的微分，且相位相反。式中 $\tau = RC$ 为微分时间常数。若输入信号 u_i 为矩形波，输出电压 u_o 将为双向尖顶脉冲如图 7.19 （b）所示，可将矩形波变成尖脉冲输出。微分电路在自动控制系统中可用作加速环节，例如电动机出现短路故障时，起加速保护作用，迅速降低其供电电压。

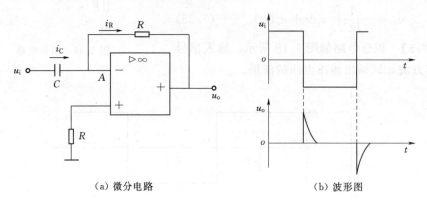

（a）微分电路　　　　　　　　　　（b）波形图

图 7.19　微分运算电路

*7.3.4　有源滤波电路

在实际的电子系统中，有源滤波电路的输入信号可能因干扰等原因而含有一些不必要的频率分量成分，应当设法将它衰减到足够小的程度。在另一些场合，有用信号和其他信号混在一起，必须设法把有用信号挑选出来。为了解决上述问题，可采用滤波电路。

7.3.4.1　滤波电路的作用

滤波电路的作用是能从输入信号中选出一定的频率范围内的有用信号，使其能够顺利的通过，而对无用的或干扰频率段的信号加以抑制。工程上常把它用作信号处理、数据传输和抑制干扰等用途，它在通信、电子工程、仪器仪表等领域应用很广泛。

滤波电路的分类：

（1）按性能不同，滤波电路可分为：①无源滤波电路——由无源元件（R、C、L等）组成的电路；②有源滤波电路——由有源器件（集成运放）和无源 RC 网络组成的电路。

相对于传统的 RC 滤波电路、LC 滤波电路、陶瓷滤波电路等无源滤波电路而言，使用集成运算放大器组成的有源滤波电路，具有体积小、负载能力强、滤波效果好等优点，并兼有放大作用。

（2）按幅频特性不同，滤波电路可分为：①低通滤波电路（LPF）——允许低频信号通过，将高频信号衰减；②高通滤波电路（HPF）——允许高频信号通过，将低频信号衰减；③带通滤波电路（BPF）——允许某一频带范围内的信号通过，将此频带以外的信号衰减；④带阻滤波电路（BEF）——阻止某一频带范围内的信号通过，而允许此频带以外的信号通过。

这4种滤波电路的幅频特性如图7.20所示。

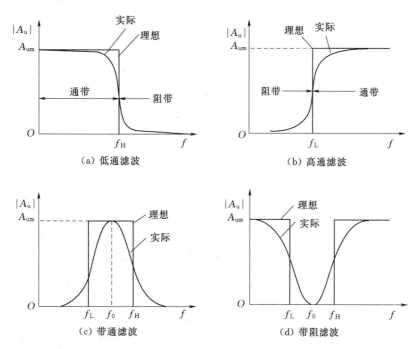

（a）低通滤波　　　　　　　（b）高通滤波

（c）带通滤波　　　　　　　（d）带阻滤波

图7.20　滤波电路的幅频特性

7.3.4.2　有源低通滤波电路

有源低通滤波电路如图7.21所示，图7.21（a）为无源滤波网络RC接至集成运放的同相输入端，图7.21（b）为RC接至反相输入端。

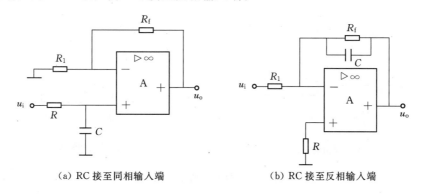

（a）RC接至同相输入端　　　　　　　（b）RC接至反相输入端

图7.21　有源低通滤波电路

以图7.21（a）为例，输出电压为

$$\dot{u}_{\mathrm{o}} = \left(1 + \frac{R_{\mathrm{f}}}{R_{1}}\right)\dot{u}_{+} \tag{7.25}$$

而

$$\dot{u}_{+}=\frac{\dfrac{1}{j\omega C}\dot{u}_i}{R+\dfrac{1}{j\omega C}}=\frac{1}{1+j\omega RC}\dot{u}_i \tag{7.26}$$

所以传递函数为

$$\dot{A}=\left(1+\frac{R_f}{R_1}\right)\frac{1}{1+j\omega RC}=\frac{A_{up}}{1+j\dfrac{\omega}{\omega_0}} \tag{7.27}$$

式中 A_{up} 为通带电压放大倍数

$$A_{up}=\left(1+\frac{R_f}{R_1}\right) \tag{7.28}$$

通带截止用频率

$$\omega_0=\frac{1}{RC} \tag{7.29}$$

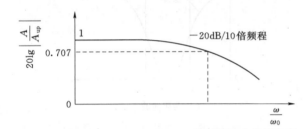

图 7.22　有源低通滤波电路的幅频特性

其幅频特性如图 7.22 所示。

由式（7.28）、式（7.29）可见，我们可以通过改变电阻 R_f 和 R_1 的阻值调节通带电压放大倍数，如需改变截止频率，应调整 RC 或 R_fC。

7.3.4.3　有源高通滤波电路

有源高通滤波电路如图 7.23 所示。其中图 7.23（a）为同相输入式；图 7.23（b）为反相输入式。

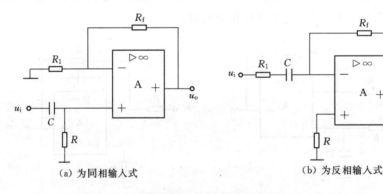

（a）为同相输入式　　　　（b）为反相输入式

图 7.23　有源高通滤波电路

以图 7.23（a）为例

$$\dot{u}_o=\left(1+\frac{R_f}{R_1}\right)\dot{u}_+$$

而

$$\dot{u}_+=\frac{R}{R+\dfrac{1}{j\omega C}}\dot{u}_i=\frac{1}{1+\dfrac{1}{j\omega RC}}\dot{u}_i$$

所以

$$\dot{u}_o = \left(1 + \frac{R_f}{R_1}\right)\frac{1}{1 + \frac{1}{j\omega RC}}\dot{u}_i$$

则传递函数

$$\dot{A} = \frac{A_{up}}{1 - j\frac{\omega}{\omega_0}}$$

式中：A_{up} 为通带电压放大倍数。

$$A_{up} = 1 + \frac{R_f}{R_1} \tag{7.30}$$

通带截止角频率

$$\omega_0 = \frac{1}{RC} \tag{7.31}$$

其幅频特性如图 7.24 所示。

由式（7.30）、式（7.31）可见通过改变电阻 R_f 和 R_1 可调整通带电压放大倍数，改变截止频率可调整 R 和 C。

7.3.5 电压比较电路

电压比较电路的功能是将一个输入电压与另一个输入电压或基准电压进行比较，判断它们之间的相对大小，比较结果由输出状态反映出来。为了改善输入、输出特性，常在电路中引入正反馈。

电压比较电路中的集成运成主要工作在非线性区域，满足如下关系：

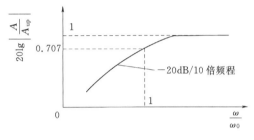

图 7.24 有源高通滤波电路的幅频特性

$u_- > u_+$ 时，有 $\qquad u_o = U_{oL}$ $\tag{7.32}$

$u_- < u_+$ 时，有 $\qquad u_o = U_{oH}$ $\tag{7.33}$

电压比较电路有反相输入和同相输入两种方式，这里只讨论反相输入方式。

7.3.5.1 简单电压比较器

简单电压比较器电路如图 7.25 所示，u_i 为待比较的输入电压，U_R 为参考电压。

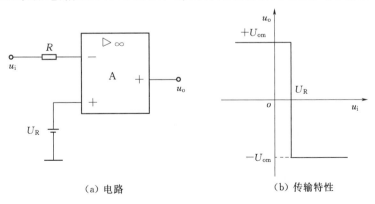

（a）电路　　　　　　　　　　（b）传输特性

图 7.25 简单电压比较器电路

由式（7.32）、式（7.33）可得图 7.25（a）的关系如下：

$u_i > U_R$ 时，有 $\qquad\qquad\qquad\qquad u_o = U_{oL}$ （7.34）

$u_i < U_R$ 时，有 $\qquad\qquad\qquad\qquad u_o = U_{oH}$ （7.35）

简单电压比较器电路表明输入电压从低逐渐升高经过 U_R 时，u_o 将从高电平变为低电平。相反，当输入电压从高逐渐降低经过 U_R 时，u_o 将从低电平变为高电平。

我们将比较器的输出电压从一个电平跳变到另一个电平时对应的输入电压值称为阈值电压或门限电压，简称为阈值，用符号 U_{TH} 表示。对于图 7.25（a），$U_{TH} = U_R$。

简单电压比较器电路的传输特性如图 7.25（b）所示，传输特性是比较器的输出电压 u_o 与输入电压 u_i 在平面直角坐标上的关系。上图的传输特性表明，输入电压从低逐渐升高经过 U_R 时，u_o 将从高电平跳到低电平。当输入电压从高电平逐渐降低经过 U_R 时，u_o 将从低电平跳变为高电平。

U_R 可为正，也可为负和零。当 $U_R = 0$ 时的比较器又称为过零比较器。

利用简单电压比较器，可以进行波形变换，当输入为正弦波时，可以得到同频率的方波或矩形波输出。波形如图 7.26 所示。

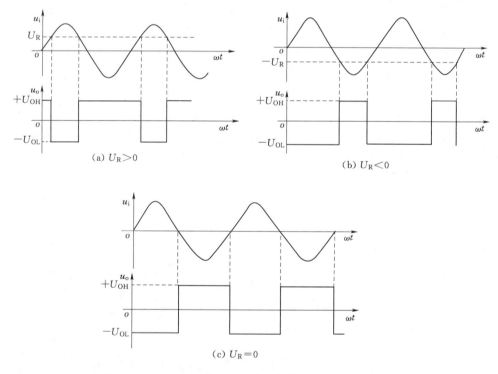

图 7.26　波形变换

*7.3.5.2　滞回电压比较器

简单电压比较器结构简单，而且灵敏度高，但它的抗干扰能力差，即如果输入信号因受干扰在阈值附近变化，可能使输出状态产生误动作。如图 7.27 所示，将此信号加进同相输入的过零比较器，则输出电压将反复地从一个电平变化至另一个电平，输出电压波形如图 7.27 所示。

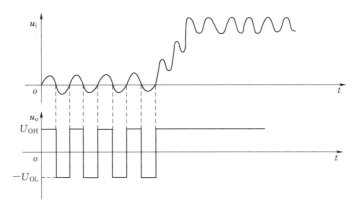

图 7.27 因干扰产生的误动作

用此输出电压控制电机等设备，将出现频繁地动作，这是不允许的。

滞回比较器又称为施密特比较器，能克服简单比较器抗干扰能力差的缺点，它是在过零比较器的基础上，从输出端引一个电阻分压支路到同相输入端，形成正反馈。这样，作为参考电压的同相端电压 U_+ 不再是固定的，而是随输出电压 u_o 而变。这种比较器的特点是当输入信号 u_i 逐渐增大或逐渐减小时，它有两个阈值 U_{TH1} 和 U_{TH2}，且不相等，其传输特性具有"滞回"曲线的形状。

反相输入的滞回比较器电路及传输特性如图 7.28 所示。

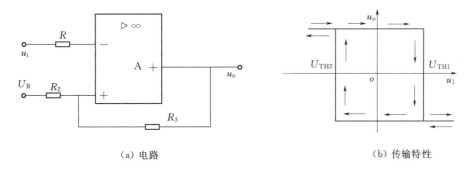

（a）电路   （b）传输特性

图 7.28 反相输入的滞回比较器电路及传输特性

滞回比较器具有两个阈值，通过电路引入正反馈获得。

按集成运放非线性运用特点，即

$u_-<u_+$ 时，有 $\qquad\qquad\qquad\qquad u_o=U_{oL}$ $\qquad\qquad\qquad\qquad$ (7.36)

$u_->u_+$ 时，有 $\qquad\qquad\qquad\qquad u_o=U_{oH}$ $\qquad\qquad\qquad\qquad$ (7.37)

可估算阈值。输出电压发生跳变的临界条件为

$u_-=u_+$，而 $\qquad\qquad u_+=\dfrac{R_1}{R_1+R_f}u_o+\dfrac{R_f}{R_1+R_f}U_R$ $\qquad\qquad$ (7.38)

从图 7.28（a）中可知：由于正反馈支路的存在，同相端电位受到输出电压的制约，使基准电压变为两个值：$+U_{om}$ 和 $-U_{om}$，这使得这种比较器在两种状态下，有各自的门限电平。对应于 $+U_{om}$ 有高门限电平 U_{TH1}，对应于 $-U_{om}$ 有低门限电平 U_{TH2}。

当输出为正向饱和电压 $+U_{om}$ 时，将集成运放的同相端电压称为上门限电平，用 U_{TH1} 表示，则有

$$U_{TH1} = u_+ = U_{REF} \frac{R_f}{R_f + R_2} + U_{om} \frac{R_2}{R_2 + R_f} \qquad (7.39)$$

当输出为负向饱和电压 $-U_{om}$ 时，将集成运放的同相端电压称为下门限电平，用 U_{TH2} 表示，则有

$$U_{TH2} = u_+ = U_{REF} \frac{R_f}{R_f + R_2} - U_{om} \frac{R_2}{R_2 + R_f} \qquad (7.40)$$

比较式（7.39）、式（7.40）可知上门限电压 U_{TH1} 的值比下门限电压 U_{TH2} 的值大。

我们把上门限电压 U_{TH1} 与下门限电压 U_{TH2} 之差称为回差电压，用

$$\Delta U_{TH} = U_{TH1} - U_{TH2} = 2U_{om} \frac{R_2}{R_2 + R_f} \qquad (7.41)$$

改变 R_2 值可改变回差大小。回差电压的存在，大大提高了电路的抗干扰能力。只要干扰信号的峰值小于半个回差电压，比较器就不会因为干扰而误动作。

滞回比较器的主要优点是抗干扰能力强，回差 ΔU_{TH} 越大，抗干扰能力越强。因为输入信号因受干扰或其他原因发生变化时，只要变化量不超过回差 ΔU_{TH}，这种比较器的输出电压就不会来回变化。例如，滞回比较器的传输特性和输入电压的波形如图 7.29（a）、(b) 所示，根据传输特性和两个阈值（$U_{TH1} = 2V$，$U_{TH2} = -2V$），可画出输出电压 u_o 的波形，如图 7.29（c）所示。

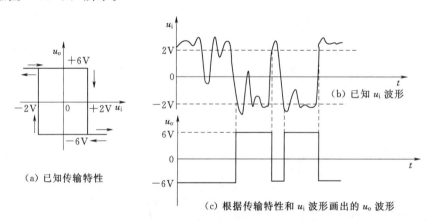

（a）已知传输特性
（b）已知 u_i 波形
（c）根据传输特性和 u_i 波形画出的 u_o 波形

图 7.29 滞回比较器抗干扰能力图

由图 7.29（c）可见，u_i 在 U_{TH1} 与 U_{TH2} 之间变化，不会引起 u_o 的跳变。

7.4 逻辑测试器的实施过程

7.4.1 制作目的

通过制作逻辑测试器，进一步熟悉集成运放电路的原理及在实际中的应用；掌握电路的安装调试与故障检测排除方法，提高实际操作能力。

7.4.2 制作器材

器材设施见表 7.1。

表 7.1 器 材 设 施 表

名称	代号	规格	数量	名称	代号	规格	数量
万用表		MF47	1	电阻	R_6、R_7	2.7kΩ	2
发光二极管	VD_1、VD_2	红、绿	各1	微调电位器	R_{P1}、R_{P3}	10kΩ	2
三极管	VT_3	9013	1	微调电位器	R_{P2}	15kΩ	1
集成块	IC	LM324	1	单刀双掷开关	S		1
电阻	R_1	2.4kΩ	1	印制电路板			1
电阻	R_2	6.8kΩ	1	电烙铁		25W	1
电阻	R_3	820Ω	1	焊锡、松香			若干
电阻	R_4	1kΩ	1	连接导线			若干
电阻	R_5、R_8	560Ω	2				

7.4.3 制作过程

1. 制作电路印制板

利用 Protel DXP 软件绘制原理图和 PCB 图，要求使用单面覆铜板，用热转印法制作出 PCB 板，也可用刀刻法制作 PCB 板，如图 7.30 所示。

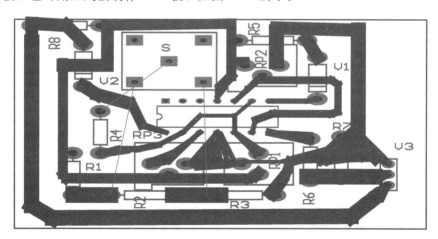

图 7.30 逻辑测试器装配图

2. 训练步骤

（1）检查各元器件的质量，调整仪器仪表。

（2）按图 7.30 所示的装配图正确安装元器件。

（3）检查元器件安装正确无误后，接通 5V 电源，测试整机电流约为 15mA。调节 R_{P1}，使集成块的 6 脚电压为 3V；调节 R_{P2}，使集成块的 5 脚电压为 2V；调节 R_{P3}，使集成块的 12 脚电压为 0.7V。

（4）把开关 S 拨到 "1" 处，红色发光二极管发光，显示逻辑 "1"；把开关 S 拨到 "0" 处，红色发光二极管发光，显示逻辑 "0"。

（5）用万用表欧姆挡测量集成块各脚对地电阻值（分断路和在路），分别用红表笔和黑表笔接地，记录两组数据记入表中。

（6）用万用表电压挡测量并记录集成块各脚对地电压值，数据填入表 7.2 中。

表 7.2　　　　　　　　　　　数　据　表

LM324 集成块引脚	测量直流电阻		测量电压/V		LM324 集成块引脚	测量直流电阻		测量电压/V	
	断路状态	在路状态	"0" 状态	"1" 状态		断路状态	在路状态	"0" 状态	"1" 状态
1					8				
2					9				
3					10				
4					11				
5					12				
6					13				
7					14				

3．常见故障及处理

常见故障、原因及处理见表 7.3。

表 7.3　　　　　　　　　　常见故障、原因及处理

故　障　现　象	故　障　原　因	处　理　方　法
整机电流与正常值不一致	元器件接错或虚焊	检查元器件特别是集成块
逻辑功能与正常情况相反	发光二极管颠倒或开关 S 接错	检查二极管或开关 S
只能显示一个逻辑功能	某个运放不工作或者损坏、三极管装错或损坏	检查三极管或集成运放

4．注意事项

（1）发光二极管要直立安装，底面与印制板距离（6±2）mm。

（2）微调电位器应尽量插到底，不能倾斜，3 只脚均需焊接。

（3）集成块要与印制板贴紧。

（4）焊接中，烙铁与集成块管脚接触时间不要过长，以免因为过热损坏集成块。

7.4.4　报告撰写

（1）简要记录逻辑测试器电路制作过程。

（2）谈谈制作逻辑测试器电路的收获。

7.5　小结

（1）差动放大电路通过对称电路以及公共射极电阻的负反馈作用，有效地减少了温度变化对电路的影响。差动放大电路分单端输入和双端输入，单端输出和双端输出，共有 4 种电路形式，影响电路性能参数的主要是输出端的连接方式。

（2）集成运放具有高输入阻抗、高增益、高稳定性和低输出电阻等特点。

（3）集成运放的应用可以分为线性应用和非线性应用。在分析运放的线性应用时，运放电路存在着"虚短"和"虚断"的特性；在分析运放的非线性应用时，当同相输入端的电压高于反相输入端电压时，输出为正的饱和值，当反相输入端的电压高于同相输入端电压时，输出为负的饱和值。

（4）运放线性应用时，有同相输入、反相输入和双端输入 3 种输入方式。

（5）集成运放可以构成模拟加法、减法、积分、微分等数学运算。

（6）集成运放的非线性应用，可以构成电压比较器等电路。

7.6　练学拓展

1. 选择题

（1）差动放大器由双端输入改为单端输入，差模电压增益是（　　　）。

A. 增加一倍　　　　　B. 为双端输入时的 1/2　C. 不变　　　　　D. 不确定

（2）差动放大电路中，当两个输入端 $u_{i1}=300\text{mV}$，$u_{i2}=200\text{mV}$ 时，可将输入信号分解为共模输入信号 $u_{ic}=$（　　　）mV，差模输入信号 $u_{id}=$（　　　）mV。

A. 500　　　　　B. 100　　　　　C. 250　　　　　D. 50

（3）基本差动放大电路中（无 R_E 电阻），两个单边放大器的电压增益为 100。已知两个输入信号 $u_{i1}=10\text{mV}$，$u_{i2}=-10\text{mV}$，则单端输出电压 $u_{o2}=$（　　　）V。

A. -1　　　　　B. 1　　　　　C. $-1/2$　　　　　D. 1/2

（4）差动放大电路共模抑制比 K_{CMR} 越大，它表明电路（　　　）。

A. 抑制零漂的能力越强　　　　　　　　B. 共模放大倍数越稳定

C. 共模放大倍数越大　　　　　　　　　D. 差模放大倍数越小

（5）差动放大器由双端输出改为单端输出，共模抑制比 K_{CMR} 减少的原因是（　　　）。

A. $|A_{ud}|$ 不变，$|A_{uC}|$ 增大　　　　　　　B. $|A_{ud}|$ 减少，$|A_{uC}|$ 不变

C. $|A_{ud}|$ 减少，$|A_{uC}|$ 增大　　　　　　　D. $|A_{ud}|$ 增大，$|A_{uC}|$ 减少

（6）在单端输出差动放大电路中，差模电压增益 $A_{ud2}=50$，共模电压增益 $A_{uC}=-0.5$，若两个输入电压为 $u_{i1}=80\text{mV}$，$u_{i2}=60\text{mV}$，则输出电压 $U_{02}=$（　　　）V。

A. -1.035　　　　　B. -0.965　　　　　C. 0.965　　　　　D. 1.035

2. 填空题

（1）直接耦合放大的最突出的问题是_____。集成运放要采用直接耦合放大的原因是_____。

（2）所谓零点漂移是指_____。产生零点漂移的主要原因有_____。

（3）差模信号是指_____。共模信号是指_____。差动放大电路能放大_____，抑制_____。

（4）共模抑制比是指_____，其表达式为_____，当某差动放大器的差模放大倍数为 1000，共模放大倍数为 0.1 时，则共模抑制比为_____dB。

（5）差动放大器的输入输出连接方式有_____种，其差模放大倍数与_____方式

有关，与_____方式无关。

（6）典型差动放大器中，发射极电阻 R_E 的作用_____，常用电流源代替发射极电阻的原因是_____，负电源 V_{DD} 的作用是_____。

（7）集成运放是具有_____放大倍数的_____放大器。通常有_____个输入端和_____个输出端。

（8）集成运放的应用有两大类：_____和_____。

（9）集成运放的基本组成有_____、_____、_____和_____。

（10）理想集成运放工作在线性区时，有两个重要概念：_____和_____，此时集成运放常处于_____状态。

（11）电压比较器是集成运放的典型应用，此时集成运放工作在_____应用状态，其输出只有_____和_____两种电平。

3. 电路如图 7.31 所示，求各电路的输出电压 U_o。

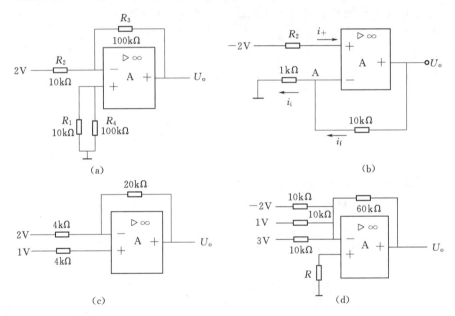

图 7.31　题 3 图

4. 电路如图 7.32 所示，试求电路的输出电压 U_o。

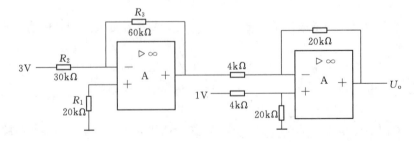

图 7.32　题 4 图

5. 试求出图 7.33 所示电路中的 U_o。

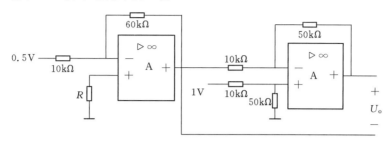

图 7.33　题 5 图

6. 设计能实现下列运算关系的运算电路，并计算各电阻阻值。

（1）$u_o = -6u_i$（$R_F = 40\text{k}\Omega$）。

（2）$u_o = -(4u_{i1} + 2u_{i2} + 6u_{i3})$（$R_F = 100\text{k}\Omega$）。

7. 电压比较器电路如图 7.34（a）所示，$U_Z = \pm6\text{V}$。

（1）画出电路的传输特性曲线。

（2）若输入电压波形如图 7.34（b）所示，试画出输出电压的波形。

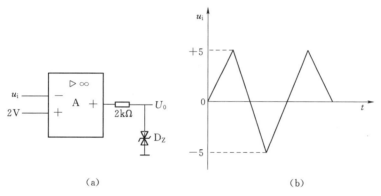

（a）　　　　　　　　　　　　　　（b）

图 7.34　题 7 图

8. 电路如图 7.35 所示，$U_Z = \pm6\text{V}$。

（1）画出电路的传输特性曲线。

（2）若输入电压 $u_i = 5\sin\omega t(\text{V})$，试画出输出电压的波形。

9. 电路如图 7.36 所示，$U_Z = \pm6\text{V}$。

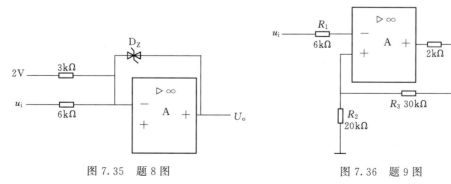

图 7.35　题 8 图　　　　　　　　　　图 7.36　题 9 图

（1）计算其门限电压和回差电压，画出电路的传输特性曲线。

（2）若输入电压 $u_{\rm i}=8\sin\omega t({\rm V})$，试画出输出电压的波形。

10. 电路如图 7.37 所示，$U_{\rm Z}=\pm6{\rm V}$。

（1）计算其门限电压和回差电压，画出电路的传输特性曲线。

（2）若输入电压 $u_{\rm i}=6\sin\omega t({\rm V})$，试画出输出电压的波形。

11. 电路如图 7.38 所示，$U_{\rm Z}=\pm6{\rm V}$。

（1）计算其门限电压和回差电压，画出电路的传输特性曲线。

（2）若输入电压 $u_{\rm i}=10\sin\omega t({\rm V})$，试画出输出电压的波形。

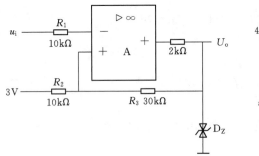

图 7.37　题 10 图

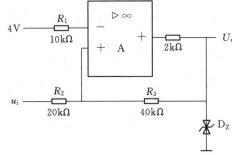

图 7.38　题 11 图

12. 在图 7.39 中，判断各级的反馈类型。已知，$u_{\rm i1}=-2{\rm V}$，试求：

（1）输出电压 $u_{\rm o1}$。

（2）电压放大倍数 $A_{\rm uf}$。

（3）输入电阻 $R_{\rm i}$，输出电阻 $R_{\rm o}$。

13. 有一双端输入双端输出的差动放大电路，已知输入 $u_{\rm i1}=2{\rm V}$，$u_{\rm i2}=2.001{\rm V}$，$A_{\rm ud}=80{\rm dB}$，$K_{\rm CMRR}=100{\rm dB}$，试求出输出电压 $u_{\rm o}$ 中的差模成分 $u_{\rm od}$ 和共模成分 $u_{\rm oc}$。

14. 双端输出差动放大电路如图 7.40 所示，已知 $V_{\rm CC}=9{\rm V}$，$-V_{\rm EE}=-9{\rm V}$，$R_{\rm C1}=R_{\rm C2}=2{\rm k}\Omega$，$R_{\rm B1}=R_{\rm B2}=5.1{\rm k}\Omega$，$R_{\rm E}=5.1{\rm k}\Omega$，$r_{\rm BE}=2{\rm k}\Omega$，$\beta=50$，两管的 $U_{\rm BE}=0.7{\rm V}$。求：静态电流 $I_{\rm CQ1}$。

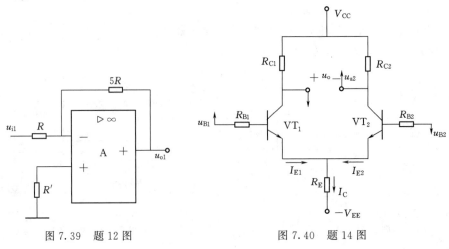

图 7.39　题 12 图　　　　　　　图 7.40　题 14 图

15. 根据下面给出的印制电路板装配图如图 7.41 所示，画出对应的电子线路原理图。

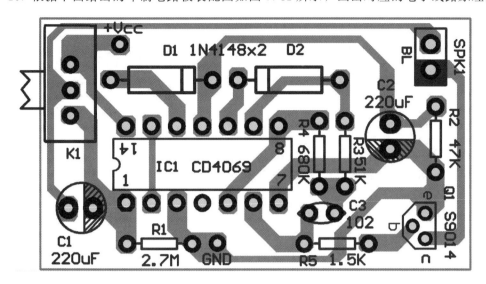

图 7.41 题 15 图

信号发生器的分析与制作

教学目的和要求

1. 能力目标要求

（1）用瞬极性法分析各类正弦波振荡电路是否符合正反馈、比较器电路是否为线性运算电路。

（2）会计算正弦波振荡电路的振荡频率、RC 串并联正弦波振荡放大电路中对阻值的要求、方波发生器的振荡频率。

2. 知识目标要求

（1）掌握正弦波振荡电路的振荡条件。

（2）了解 RC 串并联及 LC 并联谐振网络的选频性特点及其组成振荡电路的基本结构。

（3）理解各类正弦波振荡电路适用频率范围。

任务 **8** 调幅无线话筒的分析与制作

8.1 任务目的

了解调幅话筒的构成，掌握信号发生电路的工作原理，掌握简单调幅无线话筒的制作、安装与调试的方法。

8.2 电路设计与分析

调幅无线话筒由声-电电路、振荡电路和发射电路组成，如图 8.1 所示。

图 8.1（b）是单管调幅无线话筒的电路图。其原理类似于单管收音机。线路中的 B、C_1、BG 等组成一个高频振荡电路，其振荡频率由可变电容 C_1 来调节。本电路设计在 $535 \sim 1600 \text{kHz}$ 之间，即中波段。并联在电容 C_3 上的话筒 S 将音频信号加到三极管 BG 的基极，使振荡信号的振幅随之变化，最后由天线向空中辐射出去。

8.3 相关理论知识——正弦波发生电路

正弦波发生电路正弦波发生电路能产生正弦波输出，它是在放大电路的基础上加上正

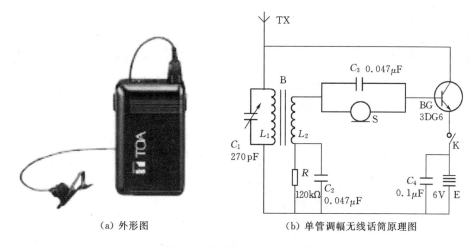

（a）外形图　　　　　　　（b）单管调幅无线话筒原理图

图 8.1　单管调幅无线电话筒

反馈而形成的，它是各类波形发生器和信号源的核心电路。正弦波发生电路也称为正弦波振荡电路或正弦波振荡器。它在测量、通信、无线电技术、自动控制和热加工等领域有着广泛的应用。

8.3.1　自激振荡

自激振荡电路由基本放大电路和反馈电路组成，其框图如图 8.2 所示。在最初的正弦输入信号 u_i 作用下，输出正弦电压 u_o。u_o 经过反馈网络送回输入端的反馈电压为 u_f，若 u_f 和 u_i 的大小、相位完全一致，即使去掉 u_i，也可以在输出端得到维持不变的输出电压，即产生自激振荡。

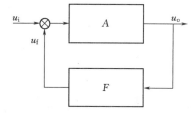

由此可见，自激振荡的形成必须满足以下两个条件：

（1）相位平衡条件。振荡电路中，反馈电压 u_f 与

图 8.2　振荡电路框图

输入电压 u_i 应该相位相同，为正反馈，即

$$\varphi_A + \varphi_F = 2n\pi \quad (n=0,1,2,\cdots) \tag{8.1}$$

（2）幅值平衡条件。振荡电路中，反馈电压 u_f 与输入电压 u_i 必须大小相等，即必须有足够的反馈电压，此时 $|AF|=1$。

8.3.2　RC 正弦波发生电路

RC 正弦波振荡电路采用 RC 串并联电路作为选频电路，用于产生 1MHz 以下的低频信号。它具有波形好、振幅稳定、频率调节方便等优点，应用十分广泛。

8.3.2.1　RC 选频电路

RC 选频电路如图 8.3 所示。RC 串联臂的阻抗用 Z_1 表示，RC 并联臂的阻抗用 Z_2 表示。其频率响应如下：

$$Z_1 = R_1 + (1/j\omega C_1) \tag{8.2}$$

$$Z_2 = R_2 \,/\!/\, (1/j\omega C_2) = \frac{R_2}{1 + j\omega R_2 C_2} \tag{8.3}$$

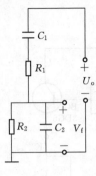

图 8.3　RC 串并联
电路

频率特性如下：

（1）幅频特性表达式为

$$|\dot{F}| = \cfrac{1}{\sqrt{\left(1 + \cfrac{R_1}{R_2} + \cfrac{C_2}{C_1}\right)^2 + \left(\omega R_1 C_2 - \cfrac{1}{\omega R_2 C_1}\right)^2}} = \cfrac{1}{\sqrt{3^2 + \left(\cfrac{\omega}{\omega_0} - \cfrac{\omega_0}{\omega}\right)^2}}$$

$$\tag{8.4}$$

（2）相频特性表达式为

$$\varphi_F = -\arctan \cfrac{\omega R_1 C_2 - \cfrac{1}{\omega R_2 C_1}}{1 + \cfrac{R_1}{R_2} + \cfrac{C_2}{C_1}} = -\arctan \cfrac{\cfrac{\omega}{\omega_0} - \cfrac{\omega_0}{\omega}}{3} \tag{8.5}$$

频率特性曲线如图 8.4 所示。

振荡频率为 $f = f_0 = \cfrac{1}{2\pi RC}$ 时，幅频值最大为 $1/3$，相位 $\varphi_F = 0°$，因此该电路具有选频特性。

8.3.2.2　RC 正弦波振荡电路

RC 正弦波振荡电路如图 8.5 所示。

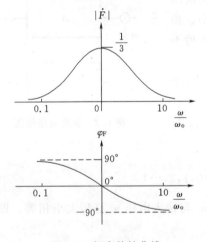

图 8.4　频率特性曲线

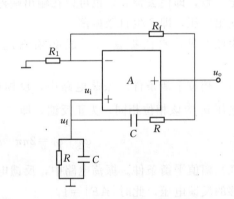

图 8.5　RC 正弦波振荡电路

1. 放大电路

放大电路采用集成运算放大器组成的同相比例放大电路，其放大倍数为 A_f。集成运算放大器有两个输入端：同相输入端"＋"和反相输入端"－"，一个输出端。组成同相比例放大电路时，u_i 从同相输入端输入，因此 u_o 与 u_i 同相。

2. 选频电路

由图 8.5 可见，选频网络 RC 串并联电路联结在放大电路的输出端和同相输入端之间，表明 RC 串并联电路在选频的同时还作为反馈网络，将反馈电压为 u_f 反送到输入端。

根据电路理论，在某一频率 f_0 下，RC 串并联电路的输出 u_f 与其输入 u_o 相位相同。用瞬时极性法可判断出其反馈极性为正反馈。

u_i 与 u_f 极性相同，在运算放大器的同相输入端叠加，因此为正反馈，满足自激振荡的相位条件。

由进一步的理论分析还可知，在频率为 f_0 时，反馈电压 u_f 最大，为输出电压 u_o 的 $1/3$；反馈系数 $F=1/3$ 时，只要适当选择放大电路的放大倍数 A_f，就可以满足振荡的幅值条件，产生正弦波输出。

对于偏离 f_0 的其他信号，不仅 u_f 与 u_o 相位不同，而且 u_f 也很小，因此不能满足自激振荡条件，这就是 RC 串并联电路的选频特性。

3. 稳幅电路

由振荡的建立过程可知，起振时应使 $u_f>u_i$，即 $A_fF>1$。由于 RC 串并联电路的反馈系数 $F=1/3$，因此 A_f 应大于 3。同相放大电路的放大倍数 $A_f=1+R_f/R_1$，要求 $A_f>3$，即 $R_f>2R_1$。起振后，为获得一定幅度的稳定振荡，u_f 应等于 u_i，即 $|A_fF|=1$，$R_f=2R_1$。

由于 RC 正弦波振荡电路只有在频率 f_0 处才满足振荡条件，因此电路的振荡频率就是 f_0。经推导，有

$$f_0=\frac{1}{2\pi RC} \tag{8.6}$$

由此可见，改变 R、C 的参数值，就可以调节振荡频率。实际电路中，一般采用波段开关改变电容值，用电位器改变选频网络的电阻。

8.3.3　LC 正弦波发生电路

LC 正弦波振荡电路采用 LC 并联电路作为选频电路，用于产生 1MHz 以上的高频正弦信号。按反馈电路的形式不同，有变压器耦合 LC 振荡电路、电感三点式 LC 振荡电路和电容三点式 LC 振荡电路 3 种。

8.3.3.1　变压器耦合 LC 振荡电路

变压器耦合 LC 振荡电路如图 8.6 所示。

（1）放大电路。采用静态工作点稳定的分压式共发射极放大电路，起放大和控制作用。电容 C_1、C_E 的容量较大，对交流短路，对直流起隔离作用。

（2）选频网络。图 8.6 中，LC 并联电路接在三极管的集电极。由电路理论可知，LC 并联电路的谐振频率为

$$f_0\approx\frac{1}{2\pi\sqrt{LC}} \tag{8.7}$$

在谐振频率 f_0 下，LC 并联电路呈电阻性，其等效阻抗最大，因此共射放大电路的输出电压也最大，而其他的

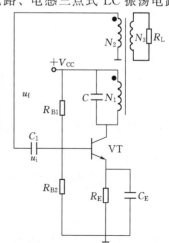

图 8.6　变压器耦合 LC 振荡电路

课题 4 信号发生器的分析与制作

频率的阻抗很小，所以输出电压也很小，从而达到选频的目的。

（3）反馈电路。变压器次级绕组 L_2 作为反馈绕组，将输出电压的一部分作为反馈电压 u_f 送回到放大电路的输入端。

为使电路产生自激振荡，必须正确连接反馈绕组 L_2 的极性，以满足正反馈的相位平衡条件。共射放大电路的输出电压 u_o 与输入电压 u_i 相位相反，因此在反馈时需要将 u_o 反相，以达到 u_f 与 u_i 相位相同，即正反馈的目的。对于变压器的两个绕组 L_1 和 L_2，若互为同名端，则相位相同；若互为异名端，则相位相反。因此，只要将 L_1 和 L_2 按图中标好的同名端连接，则 u_f 与 u_o 相位相反，产生正反馈。

同时，适当选择反馈绕组匝数 L_2 和三极管的电流放大系数 β，可保证足够的反馈电压，满足幅值平衡条件，使电路产生自激振荡。

（4）稳幅电路。LC 正弦波振荡电路的稳幅是通过三极管的非线性实现的。当输出电压的振幅增大到一定程度时，三极管的电流放大系数 β 会下降，使放大电路的放大倍数也下降，起到稳幅作用。

LC 正弦波振荡电路的振荡频率就是 LC 并联电路的谐振频率，即

$$f_0 \approx \frac{1}{2\pi\sqrt{LC}} \tag{8.8}$$

变压器反馈式振荡电路易于起振，振荡频率通常为几兆赫至十几兆赫。电容 C 一般采用可变电容器，因此调频方便，应用较广。

8.3.3.2 电感三点式 LC 振荡电路

电感三点式振荡电路如图 8.7 所示。

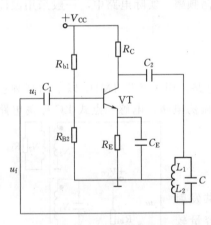

图 8.7 电感三点式振荡电路

其结构原理与上述变压器反馈式振荡电路相似。不同的是，电路中用具有抽头的电感线圈 L_1 和 L_2 替代变压器。由于电感线圈通过三个端子与放大电路相连，因此称为电感三点式振荡电路。电路中，线圈的首端和尾端分别接三极管的集电极和基极，中间抽头接地。由线圈 L_2 将输出电压的一部分，即反馈电压 u_f 返送到输入端。如图 8.7 所示，将电路从 P 点断开，设基极输入电压 u_i 为"＋"，用瞬时极性法可判断出 u_f 为"＋"，故为正反馈，满足相位平衡条件。反馈电压 u_f 的大小可以通过调节中间抽头的位置来改变，以满足幅值平衡条件，使电路起振。通常，反馈绕组 L_2 的匝数为总匝数的 1/8～1/4。

电感三点式振荡电路的振荡频率为

$$f_0 \approx \frac{1}{2\pi\sqrt{LC}} \tag{8.9}$$

式中：L 为 LC 并联电路的总电感。设 L_1 和 L_2 的互感系数为 M，则 $L = L_1 + L_2 + 2M$，即

$$f_0 \approx \frac{1}{2\pi \sqrt{(L_1 + L_2 + 2M)C}} \qquad (8.10)$$

f_0 通常为几十兆赫以下。

电感三点式振荡电路用电感线圈替代变压器绕组,其优点是:电路简单;L_1 和 L_2 耦合紧密,更易起振;采用可变电容器 C 可在较宽的范围内调节振荡频率。其缺点是振荡的输出波形较差,因此常用于对波形要求不高的场合。

8.3.3.3　电容三点式 LC 振荡电路

电容三点式振荡电路如图 8.8 所示。

由于 LC 并联电路中的串联电容 C_1 和 C_2 通过 3 个点与放大电路相连,因此称为电容三点式振荡电路。电路中,串联电容支路的两端分别接三极管的集电极和基极,中间点接地。由电容 C_2 将输出电压的一部分,即反馈电压 u_f 返送到输入端。在图 8.8 中,用瞬时极性法可判断出反馈极性为正反馈,满足相位平衡条件。反馈电压 u_f 的大小可以通过调节电容 C_2 与 C_1 的比值来改变,以满足幅值平衡条件,一般取 C_2 为 C_1 的 2～8 倍。

电容三点式振荡电路的振荡频率为

$$f_0 \approx \frac{1}{2\pi \sqrt{L \dfrac{C_1 C_2}{C_1 + C_2}}} \qquad (8.11)$$

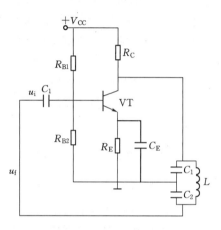

图 8.8　电容三点式振荡电路

电容三点式振荡电路的振荡频率较高,可达 100MHz 以上,输出波形也较好。但频率调节不方便,调节范围较小,因此常用于要求调频范围不宽的高频振荡电路。

8.4　调幅无线话筒的实施过程

8.4.1　制作说明

为使高频振荡频率正好落在中波 535～1600kHz 范围内。电容 C_1 采用 270pF 密封可变电容,B 选用原中波磁棒,在其上用直径 0.1mm 漆包线顺绕 70 圈为 L_1,再绕绕 10 圈为 L_2。话筒 S 选用碳粒送话器,把它固定在收音机壳原来装扬声器的位置上,其他原件无严格要求,只要参数型号相符即可。

本电路一般不用调试即可工作,辐射距离可达十几米。但应注意,工作时要避开广播电台的频率,以免干扰无线电广播。

8.4.2　制作器材

(1) 三极管 VT9018(NPN 型高频三极管 3DG6)1 只。

(2) 270pF 密封可变电容 1 只。

(3) 4.700pF 瓷片电容 2 只。

（4）用 1mm 漆包线在圆铅笔上绕四匝的自制电感 1 个。

（5）1/8W 金属膜电阻 1 只。

（6）直径 1mm、长 30cm 的漆包线的发射天线碳粒送话器 1 个。

8.4.3　制作步骤和方法

（1）从废旧收音机上拆卸如图 8.1 所示的元件（碳粒送话器 S 除外）按线路图设计、制作线路板，将检测好的元件焊接在线路板上。

（2）调整电路，使整机工作电流为 0.4mA，为避免广播电台的影响，一般将发射频率调在 535kHz 附近。通过拉长或压缩线圈 L，可以达到调节频率的目的。

（3）装上电池（接通电源），将开关 K 闭合，用双踪示波器同时观测 S 与天线的输出波形。

（4）将一调幅收音机波段调到 535～1600kHz 范围内，测试话筒效果。

（5）增加收音机与话筒的距离。着话筒讲话，反复调整，以达到最佳收听效果，记录发射接收最大距离。

8.4.4　报告撰写

（1）比较 S 与天线的输出波形。

（2）测试话筒有效辐射距离。

（3）写出实验中注意事项及实验心得与体会。

8.5　小结

（1）产生自激振荡必须满足相位平衡条件和幅值平衡条件：

$$\varphi_A + \varphi_F = 2n\pi \quad (n=0,1,2,\cdots)$$
$$|AF| = 1$$

（2）按照选频网络的不同，正弦波振荡电路主要有 RC 和 LC 振荡电路，通过改变选频网络的参数就可以改变振荡的频率。

（3）RC 振荡电路的振荡频率 $f_0 = \dfrac{1}{2\pi RC}$，通常作为低频信号发生器。

（4）LC 振荡电路有变压器反馈式、电感三点式和电容三点式 3 种，振荡频率 $f_0 \approx \dfrac{1}{2\pi\sqrt{LC}}$，通常用作高频信号发生器。

8.6　练学拓展

1. 填空题

（1）一个实际的正弦波振荡电路主要由＿＿＿＿、＿＿＿＿和＿＿＿＿ 3 部分组成。为了保证振荡幅值稳定且波形较好，常常还需要＿＿＿＿环节。

（2）正弦波振荡电路利用正反馈产生振荡的条件是_____，其中相位平衡条件是_____，幅值平衡条件是_____。为使振荡电路起振，其条件是_____。

（3）产生低频正弦波一般可用_____振荡电路；产生高频正弦波可用_____振荡电路；要求频率稳定性很高，则可用_____振荡电路。

2. 判断题

（1）只要具有正反馈，电路就一定能产生振荡。（　　）

（2）只要满足正弦波振荡电路的相位平衡条件，电路就一定振荡。（　　）

（3）凡满足振荡条件的反馈放大电路就一定能产生正弦波振荡。（　　）

（4）正弦波振荡电路起振的幅值条件是 $|AF|=1$。（　　）

（5）正弦波振荡电路维持振荡的条件是 $|AF|=-1$。（　　）

（6）在反馈电路中，只要有 LC 谐振电路，就一定能产生正弦波振荡。（　　）

（7）对于 LC 正弦波振荡电路，若已满足相位平衡条件，则反馈系数越大越容易起振。（　　）

（8）电容三点式振荡电路输出的谐波成分比电感三点式大，因此波形较差。（　　）

3. 分析如图 8.9 所示的电路是否满足相位条件。如能振荡，求出振荡频率。

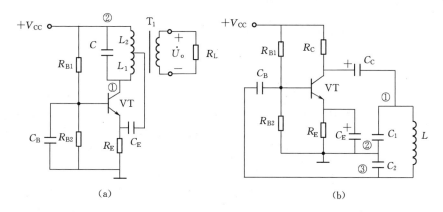

图 8.9　题 3 图

4. 试用相位平衡条件判断图 8.10 所示电路是否能振荡？若能振荡，请求出振荡频率；若不能振荡，请修改成能振荡的电路，并写出振荡频率。

5. 在如图 8.11 所示的电路中，连线使之成为正弦波振荡电路。

6. 图 8.12 为某收音机中的本机振荡电路。

（1）请在图中标出振荡线圈原、副边绕组的同名端（用圆点表示）。

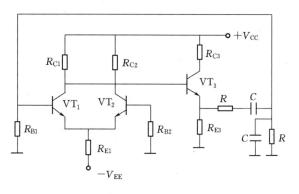

图 8.10　题 4 图

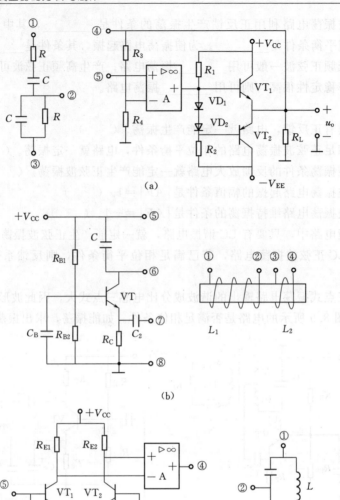

(a)

(b)

(c)

图 8.11 题 5 图

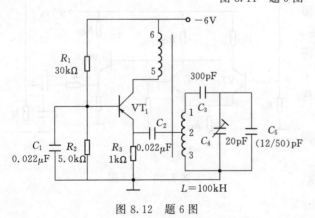

图 8.12 题 6 图

（2）说明增加或减少线圈 2 端和 3 端间的电感 L_{23} 对振荡电路有何影响。

（3）说明电容 C_1、C_2 的作用。

（4）计算当 $C_4 = 10\text{pF}$ 时，在 C_5 的变化范围内，振荡频率的可调范围。

7．用相位平衡条件判断如图 8.13 所示的两个电路是否有可能产生正弦波振荡，并简述理由，假设

154

耦合电容和射极旁路电容很大，可视为交流断路。

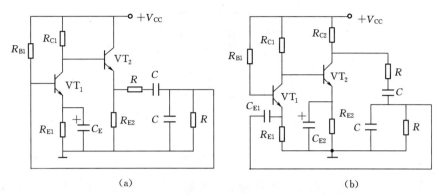

(a)   (b)

图 8.13 题 7 图

8. 电路如图 8.14 所示。试用相位平衡条件判断哪些电路可能振荡？哪些电路不可振荡？并说明理由，对于不能振荡电路，应如何改接才能振荡？图中 C_e、C_b 为大电容，对交流信号可认为短路。

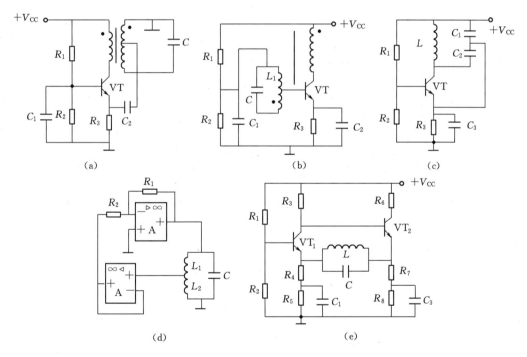

图 8.14 题 8 图

9. 某电路如图 8.15 所示，集成运放 A 具有理想的特性，$R=16\text{k}\Omega$、$C=0.01\mu\text{F}$、$R_2=1\text{k}\Omega$，试回答：

（1）该电路是什么名称？输出什么波形的振荡电路？

（2）由哪些元件组成选频网络？

（3）求振荡频率 f_0。

（4）为满足起振的幅值条件，应如何选择 R_1 的大小？

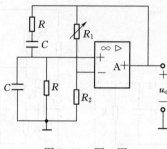

图 8.15　题 9 图

10. 如图 8.16 所示的电路中，哪些能振荡？哪些不能振荡？能振荡的说出振荡电路的类型，并写出振荡频率的表达式。

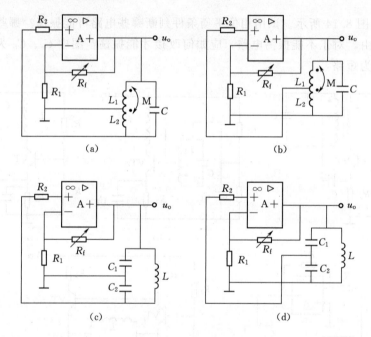

图 8.16　题 10 图

*任务 9 函数信号发生器的分析与制作

9.1 任务目的

了解集成函数信号发生器 ICL8038 的构成，掌握矩形波、三角波、锯齿波信号产生电路的基本形式和工作原理，掌握函数信号发生器的制作、安装与调试的方法。

9.2 电路设计

（1）集成函数信号发生器 ICL8038 简介如图 9.1 所示。ICL8038 可采用单电源（电源电压范围：10～30V），也可采用双电源（电源电压范围：±5～±15V）。8 脚为频率调节（简称调频）电压输入端。调频电压是指引脚 6 与引脚 8 之间的电压，其值应不超过电源电压的 1/3，电路的振荡频率与调频电压成正比。引脚 7 输出调频偏置电压，其值（引脚 6 与引脚 7 之间的电压）是电源电压的 1/5，该电压可作为引脚 8 的输入电压。

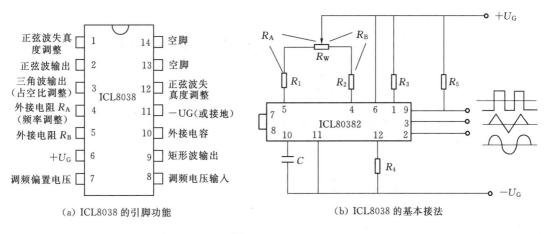

（a）ICL8038 的引脚功能　　　　　　　（b）ICL8038 的基本接法

图 9.1 ICL8038

（2）电路分析。调节 RW，可同时改变等效电阻 R_A 和 R_B。调节 R_A，可实现波形占空比的调整；调节 R_B 可实现波形频率的调整。当 $R_A = R_B$ 时，引脚 9、3、2 的输出分别为方波、三角波和正弦波。此外，接入 R_5 是由于 ICL8038 的矩形波输出级为集电极开路形式。改变 R_3、R_4 的阻值，可调节正弦波的失真度。

9.3 相关理论知识——非正弦波发生电路

非正弦信号有很多种，非正弦信号产生电路也有各种形式。本节主要介绍矩形波、三角波、锯齿波信号产生电路的基本形式和工作原理。这一类的电路都是利用电子元件的开头作用和惰性元件的充放电来实现的。在具体的电路中，电子开头可以用半导体三极管或集成运放完成，本节中的电路均采用滞回比较器。而惰性元件选择使用方便的电容元件。下面对具体的电路进行分析。

9.3.1　矩形波发生电路

矩形波产生电路又称为多谐振荡器，常用于脉冲和数字系统作为信号源。图 9.2 是在滞回比较器的基础上，增加一条 RC 充放电负反馈支路构成的矩形波产生电路。

9.3.1.1　工作原理

由图 9.2 可以得出输出电压由于受到稳压管 VD_{Z1} 和 VD_{Z2} 的限制，输出只有两个值：$+U_{Z1}$ 和 $-U_{Z2}$，如果它们的稳压值相等，那么电路输出电压正、负幅度对称：$U_{oH} = +U_Z$，$U_{oL} = -U_Z$。

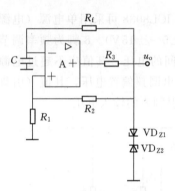

图 9.2　矩形波产生电路

当电路接通电源时，同相端电位 U_+ 与负相端电位 U_- 必存在差异，尽管这种差异极其微小，但比较器一定会做出比较，使输出端得到相应电压值。设在电源接通瞬间，电容上的电压为零，输出电压为 $+U_Z$，则集成运放同向输入端的电位为 $+\dfrac{R_1}{R_1+R_2}$。

此时，输出电压对电容进行充电，使电压 $U_- = u_C$ 由 0 逐渐上升。在 U_- 上升到等于 U_+ 之前，输出电压保持 $+U_Z$ 不变。当 $U_- \geqslant U_+$ 时，输出电压由 $+U_Z$ 跳变到 $-U_Z$，同相端电压随之变为 $-\dfrac{R_1}{R_1+R_2}$。

于是电容开始放电，电压 $U_- = u_C$ 开始下降。在 U_- 下降到等于 U_+ 之前，输出电压保持 $-U_Z$ 不变。当 $U_- \leqslant U_+$ 时，输出电压由 $-U_Z$ 跳变到 $+U_Z$，同时端电压又跳变为 $-\dfrac{R_1}{R_1+R_2}$，电容再次充电。如此周而复始，产生了矩形波振荡，输出波形如图 9.3 所示。

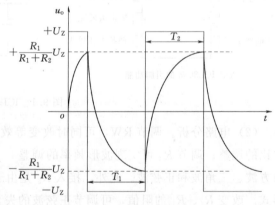

图 9.3　矩形波产生电路波形图

9.3.1.2　振荡周期及频率

从图 9.3 可以得出，振荡周期为

$$T = T_1 + T_2 \tag{9.1}$$

T_1、T_2 的大小取决于充放电时间常数 RC，用电路分析中一阶过渡过程三要素法可以求得

$$T = T_1 + T_2 = 2R_1 C \ln\left(1 + \frac{2R_2}{R_3}\right) \tag{9.2}$$

则振荡频率为

$$f = \frac{1}{T} = \frac{1}{2R_1 C \ln\left(1 + \dfrac{2R_1}{R_2}\right)} \qquad (9.3)$$

改变 R、C 或 R_1、R_2 的值均可调节振荡周期。

通常审理义矩形波高电平的时间 T_2 与周期 T 之比为矩形波的占空比 D，即

$$D = \frac{T_2}{T} \qquad (9.4)$$

占空间比可调矩形波发生电路如图 9.4 所示，从图中可以看出由于两个二极管 VD_1、VD_2 的作用便得充放电时间常数随电位器 R_P 的上下滑动而发生改变，从而调整了输出波形的占空比。

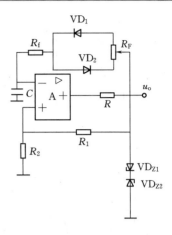

图 9.4　占空间比可调矩形发生电路

9.3.2　三角波发生电路

为了得到线性度高的三角波，一般采用如图 9.5 所示的三角波产生电路，该电路中电容是恒流充放电，输出波形的线性度好。

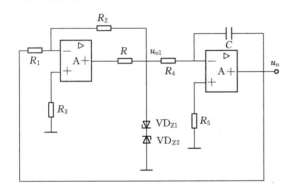

图 9.5　三角波产生电路

9.3.2.1　工作原理

电路中集成运放 A_1 组成滞回比较器，A_2 组成积分电路。设电源闭合瞬间，$u_{o1} = +U_Z$，电容电压 $u_c = 0$，则电容开始充电。因为 A_2 积分电路需地，所以充电电流为恒流 $i_充 = \dfrac{U_Z}{R_4}$，$U_{o1} = -u_c$ 随之线性下降。此时，A_1 的同相端电压 $u_+ = u_o \dfrac{R_2}{R_1 + R_2} + u_{o1} \dfrac{R_1}{R_1 + R_2}$，反相端电压 $u_- = 0$。当 u_c 下降到一定程度，使 U_+

$\leqslant U_-$ 时，u_{o1} 从 $+U_Z$ 跳变到 $-U_Z$。随之，电容器开始放电，输出电压线性上升当上升到 $U_+ \geqslant U_-$ 时，u_{o1} 从 $-U_Z$ 变到 $+U_Z$。电容再次充电，u_o 线行减小。如此周而复始，输出 u_o 端得到三角波输出波形，同时 A_1 出端 u_{o1} 到方波，波形如图 9.6 图所示。

9.3.2.2　振幅和周期

从以上分析可知，三角波的最大值点出现在滞回比较器发生跳变的时刻，故当 A_1 的，$u_+ = u_- = 0$ 时所对应的 u_o 值就是三角波的振幅 U_{om}。而 $u_+ = u_o \dfrac{R_2}{R_1 + R_2} + u_{o1} \dfrac{R_1}{R_1 + R_2}$ 所以

$$U_{om} = -\frac{R_1}{R_2} u_{o1} = \pm \frac{R_1}{R_2} U_Z \qquad (9.5)$$

至于振荡周期可以由 A_2 积分电路求出，输出电压在 $T/2$ 的时间内由 $-U_{om}$ 线性上升到 $+U_{om}$，所以

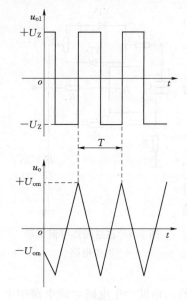

图 9.6 三角波产生电路
输出波形图

$$\frac{1}{R_4 C}\int_0^{T/2} U_Z \mathrm{d}t = 2U_{om} \tag{9.6}$$

得

$$T = 4R_4 C\frac{U_{om}}{U_Z} = \frac{4R_4 CR_1}{R_2} \tag{9.7}$$

$$f = \frac{1}{T} = \frac{R_2}{4R_4 CR_1} \tag{9.8}$$

通过调整 R_1、R_2、R_4 的值可以改变频率，一般应先调整 R_1、R_2 得到输出电压所需的峰值，再调整 R_4、C，使频率满足要求。

9.3.3 锯齿波发生电路

锯齿波和三角波十分相似，其不同在于三角波分别以相等的正负斜率上升和下降，而锯齿波分别以不同的正负斜率上升和下降。上升快，下降慢的称为负向锯齿波，反之称为正向锯齿波。从三角波产生电路原理分析可知，三角波上升和下降的正负斜率相等取决于电容充放电时间常数相等，所以只要修改电路使电容充放电时间常数发生变化，则可以得到锯齿波产生电路，电路如图 9.7 所示。

电路利用两个二极管 VD_1 和 VD_2 控制充放电回路，调整电位器 R_P 可以改变充放电时间常数。R_P 在上端，则充放电时间常数大于放电时间常数，得负向锯齿波；R_P 在中间，则充放电时间常数相等，得三角波；R_P 在下端，则充电时间常数小于放电时间常数，得正向锯齿波。锯齿波输出波形如图 9.8 所示。

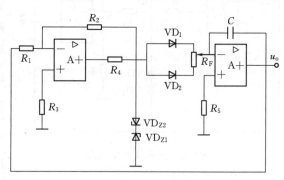

图 9.7 锯齿波产生电路

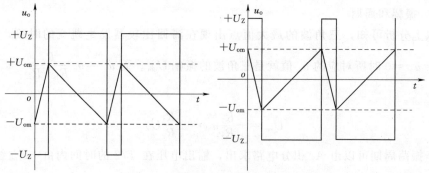

图 9.8 锯齿波产生电路输出波形

9.4　实施过程

9.4.1　制作说明

典型的函数信号发生器如图 9.9 所示。利用电位器 R_{W1} 为 8 脚提供调频电压，可实现较大范围的频率调节（最高频率与最低频率之比可达 $100:1$）。通过单刀三掷开关 S 的切换接入不同值得外电容，以进一步调频。同时，正弦波经射随器输出，可有效提高电路的带负载能力。

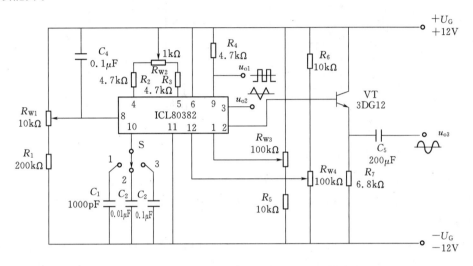

图 9.9　典型的函数信号发生器

9.4.2　制作步骤和方法

（1）按线路图设计、制作线路板，将检测好的元件焊接在线路板上。

（2）调整电路，调节 R_{W3}、R_{W4} 可更好地减小正弦波的失真。

（3）调节 R_{W2} 可实现波形占空比的调整；实现波形频率的调整。当 R_{W2} 为中时，观察引脚 9、引脚 3、引脚 2 的输出的方波、三角波和正弦波。

9.5　小结

（1）方波发生器是由 RC 充放电支路与迟滞电压比较器组成。

（2）三角波是在方波的基础上加上积分器来产生，通过电路使三角波上升时间不等于下降时间，就形成了锯齿波。

9.6　练学拓展

1. 某电路如图 9.10 所示，集成运放 A 具有理想的特性，$R = 16\text{k}\Omega$、$C = 0.01\mu\text{F}$、

$R_2 = 1\text{k}\Omega$，试回答：

(1) 该电路是什么名称？输出什么波形的振荡电路？

(2) 由哪些元件组成选频网络？

(3) 求振荡频率 f_0。

(4) 为满足起振的幅值条件，应如何选择 R_1 的大小？

2. 图 9.11 所示电路为某同学所接的方波发生电路，试找出图中的 3 个错误，并改正。

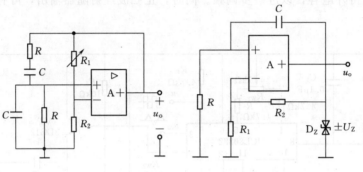

图 9.10 题 1 图   图 9.11 题 2 图

3. 波形发生电路如图 9.12 所示，设振荡周期为 T，在一个周期内 $u_{o1} = U_Z$ 的时间为 T_1，则占空比为 T_1/T；在电路某一参数变化时，其余参数不变。选择①增大、②不变或③减小填入空内：

当 R_1 增大时，u_{o1} 的占空比将 _____，振荡频率将 _____，u_{o2} 的幅值将 _____；若 R_{W1} 的滑动端向上移动，则 u_{o1} 的占空比将 _____，振荡频率将 _____，u_{o2} 的幅值将 _____；若 R_{W2} 的滑动端向上移动，则 u_{o1} 的占空比将 _____，振荡频率将 _____，u_{o2} 的幅值将 _____。

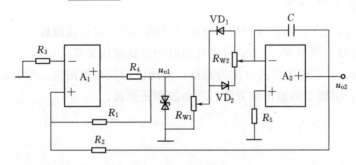

图 9.12 题 3 图